KLIMA-REVOLUTION:

Ein atmosphärischer Treibhauseffekt ist nicht erkennbar!

Uli Weber

Uli Weber

Klima-Revolution:

Ein atmosphärischer Treibhauseffekt ist nicht erkennbar!

Die politisch erzwungene Umsetzung eines planwirtschaftlichen Dogmas zur Dekarbonisierung der Welt bis zum Jahre 2100 muss zwangsläufig mit den Grundsätzen von Aufklärung, Demokratie und Wissenschaft kollidieren. Wir leben in einer Zeit, in der vollalimentierte Klimaaktivisten die Meinungsführerschaft in den wohlstandsübersättigten Gesellschaften der westlichen Industrienationen übernommen haben.

Diese moralisierende Minderheit hat den Bezug zu der unseren Lebensstandard bestimmenden technischen Nutzung konventioneller Energieträger verloren und skandalisiert fortwährend unsere historischen und wirtschaftlichen Grundlagen. Unter dem Mäntelchen einer vorgeblich vom Menschen verursachten Klimakatastrophe träumt sie von der „Großen Transformation" zu einer ökologischen Weltgemeinschaft bis zum Jahre 2100.

Die Gleichsetzung dieser ökologischen Zwangstransformation mit der kulturellen Entwicklung des Ackerbaus und der technischen Industrialisierung als epochalen Umbrüchen in der Menschheitsgeschichte verkennt aber, dass sich beide im freien Wettbewerb alternativer Möglichkeiten erfolgreich durchgesetzt hatten. Alle planwirtschaftlich gesteuerten Revolutionen hatten dagegen in Unfreiheit, wirtschaftlicher Not und gesellschaftlichem Chaos bis hin zum Massenmord geendet.

In diesem Buch hat der Autor eigene Veröffentlichungen und ergänzende Kapitel zu einer schlüssigen Argumentationskette im Sinne einer geowissenschaftlichen Auseinandersetzung mit der von den politisierten Klimawissenschaften prophezeiten menschengemachten Klimakatastrophe zusammengefasst. Insbesondere die wissenschaftliche Widerlegung des atmosphärischen Treibhauseffektes als zentrales Glaubensdogma der Klimareligion steht hierbei im Vordergrund.

Rechtliche Hinweise

Internet Links: In diesem Buch wird als Quellen- und Informationsnachweis auf Internet-Links verwiesen. Der Autor hat alle angegebenen Internet-Links sorgfältig geprüft, aber Inhalte und Datenschutz dieser Webseiten liegen nicht in seinem Einfluss; insbesondere können diese Webseiten auch nachträglich verändert worden sein.

Der Autor übernimmt ausdrücklich keinerlei Verantwortung oder Haftung für die Inhalte und das Sicherheitsgebaren der hier aufgeführten Internet-Webseiten und für die dort gegebenenfalls genannten weiterführenden Weblinks.

Für die angegebenen Links wurde daher im Index ein letztes Zugriffsdatum angegeben.

Text und Kernaussagen: Text und Kernaussagen sind die alleinige Meinung des Autors, auch wenn diese zwangsläufig eine geowissenschaftlich geprägte Sicht repräsentieren. Wo auch immer Fremdzitate im Text genutzt worden sind, wird auf eine entsprechende Quellenangabe im Link-Verzeichnis hingewiesen. Der Autor erklärt hiermit ausdrücklich, leider keinerlei finanzielle Zuwendungen für diese Arbeit erhalten zu haben.

Abbildungen: Alle Abbildungen ohne Referenz hat der Autor selbst angefertigt; gegebenenfalls wird dort auf die Datenquelle hingewiesen.

Fremde Abbildungen sind mit einem entsprechenden Quellennachweis gekennzeichnet.

© 2017

Herstellung und Verlag: BoD - Books on Demand GmbH, Norderstedt

ISBN: 978-3-74403-562-6

Alle Rechte vorbehalten, einschließlich elektronischer und neuer Medien. Einzige Ausnahmen bilden die gesondert gekennzeichneten Fremdabbildungen.

Einbandfoto und alle Abbildungen ohne Quellennachweis vom Autor

Klima-Revolution:

Ein atmosphärischer Treibhauseffekt ist nicht erkennbar!

Inhalt

Teil 1: Ist der menschengemachte Klimawandel wissenschaftlich erwiesen?   5

Teil 2: Gibt es einen natürlichen atmosphärischen Treibhauseffekt?   21

Teil 3: Wie funktioniert der natürliche Klimawandel wirklich?   75

Schlussgedanke: Die Menschheit steht am Scheideweg   99

Quellenverzeichnis: Liste der im Text unterlegten Internet-Links   109

Danksagung: Zuallererst gilt mein Dank der Nachsicht meiner Familie, die es mitgetragen hat, dass ich wieder einmal einen erheblichen Teil meiner Zeit mit dem Schreiben verbracht habe. In einer Situation, in der man sich ziemlich allein in einen Widerspruch zum herrschenden Zeitgeist begibt, sind auch persönlicher Zuspruch und fachliches Interesse ausgesprochen wertvoll. Für beides bedanke ich mich ganz herzlich bei meinem Freund Wolfgang Schnetzer, für letzteres beim Redaktionsteam der Deutschen Geophysikalischen Gesellschaft sowie den Redaktionen der Internetblogs KalteSonne und EIKE.

„Leichtgläubige Menschen verfallen leicht dem Aberglauben."

Martin Luther (1483 -1546)

Klima-Revolution:

Ein atmosphärischer Treibhauseffekt ist nicht erkennbar!

Teil 1: Ist der menschengemachte Klimawandel wissenschaftlich erwiesen?

Eine gesellschaftliche Standortbestimmung der Wissenschaft	6
Das siebenundneunzig Prozent-Problem: Welcher Konsens?	10
Was ist eigentlich Klima?	13
Das globale CO_2-Budget ist fortlaufend „erneuerbar"!	17

Eine gesellschaftliche Standortbestimmung der Wissenschaft

Rückblickend können wir feststellen, dass die Wissenschaft in den vergangenen Jahrhunderten immer ganz wesentliche Impulse parallel zur jeweiligen gesellschaftlichen Entwicklung geliefert hatte. Denn die Erkenntnisse von der Kugelgestalt unserer Erde, die Abkehr vom geozentrischen Weltbild oder die Relativitätstheorie haben die nachfolgende gesellschaftliche Entwicklung durchaus beeinflusst. Aber solche wissenschaftliche Beiträge waren gesellschaftlich immer sekundärer Natur und sind freiwillig in das Denken einer Mehrheit eingeflossen. Sie haben also mittelbar die Dogmen ihrer Zeit verändert, ohne selbst Dogma geworden zu sein. Mit der sogenannten menschengemachten Klimakatastrophe und der beabsichtigten globalen Dekarbonisierung bis zum Jahre 2100 (COP 21 - Paris 2015) ist nun ein wissenschaftliches Paradigma direkt als Dogma in eine globale politische Agenda überführt worden und hat somit eine primär gesellschaftsgestaltende Rolle übernommen.

Während nun aber die Politik auf der Grundlage von subjektiven gesellschaftspolitischen Gewissheiten zu agieren und entscheiden beliebt, lebt die Wissenschaft vom begründeten Zweifel. In der Vergangenheit haben sich wissenschaftliche Paradigmen langsam vom „Rand" her in die Gesellschaft hinein entwickelt, und zwar mit ausreichend Zeit für eine ernsthafte wissenschaftliche Auseinandersetzung als nachhaltiger „Filter" gegen gesellschaftspolitische „Schnellschüsse".

Die permanente Verleumdung von Vertretern gegenteiliger wissenschaftlicher Positionen als sogenannte „Klimaleugner" entlarvt heute für alle, die noch wissenschaftlich, demokratisch oder selbständig denken können, den wahrhaft mittelalterlichen Dogmatismus einer absolutistischen Klimareligiosität. Denn wenn wir heute lesen müssen, „die wissenschaftliche Diskussion sei beendet", weil „97 Prozent aller Wissenschaftler der These von einer menschengemachten Klimakatastrophe zustimmen" würden, dann ist das ein zielgerichtetes klimapolitisches Totschlagargument, das nichts, aber auch gar nichts mehr mit dem Geist der aufgeklärten Naturwissenschaften zu tun hat. Die allgemeine Akzeptanz dieser Argumentation eröffnet uns vielmehr einen Einblick in die tiefe Glaubensfähigkeit einer „modernen" Gesellschaft. Unter einer solchen 97%-Prämisse hätte es nämlich die Erkenntnis von der Kugelgestalt unserer Erde, die Abkehr vom geozentrischen Weltbild und die Relativitätstheorie niemals gegeben.

Das 97%-Argument ist also höchst demagogisch und völlig unwissenschaftlich.

Für den gesellschaftspolitischen Erfolg dieses widersinnigen Angstglaubens an eine menschengemachte Klimakatastrophe gibt es eigentlich nur eine einzige sinnvolle Erklärung. Unsere satte Wohlstandsgesellschaft konnte sich im Laufe der Zeit emotional immer weiter von ihren zwingenden ökonomischen Grundlagen entfernen und hat stattdessen ein moralisch-ökologisches Gewissen entwickelt. Parallel dazu wurde zunehmend die gesicherte gesellschaftliche Erfahrung von einer fortwährenden Weiterentwicklung konventioneller Technologien verworfen und durch einen ökologischen Heilsglauben an „nachhaltige" Zukunftstechnologien ersetzt, deren systemimmanente Unzulänglichkeiten heute durch einen planwirtschaftlichen Ablasshandel subventioniert werden müssen.

Unterschiedliche wirtschaftskritische Gruppen hatten die alimentationsfördernde Panikmache der politisierten Klimawissenschaft zunächst als Trittbrettfahrer genutzt, um auf der populistischen Welle dieses planwirtschaftlichen Ablasshandels die Durchsetzung ihrer säkularen Agenden zu befördern. Am Ende haben sich diese Gruppierungen dann aber offenbar selbst dermaßen in eine Klimapanik hineingesteigert, dass sie schließlich zu jakobinischen Klimagläubigen geworden sind. Und auf diesem Weg haben sie dann ihre ureigenen Ziele, sei es Naturschutz, Ökologie oder Ressourcenschonung, in fundamentalem Klimaglauben ebendieser neuen Klimareligion unterworfen und geopfert.

Höchst zweideutig erscheint in diesem Zusammenhang die „1,5-Erden"-Argumentation der Klimaschützer, die für eine ausreichende Versorgung der gesamten Weltbevölkerung das Eineinhalbfache der global verfügbaren Anbaufläche unserer Erde für erforderlich erachtet. Hier müssen wir den Zusammenhang mit der strikten Ablehnung von Gentechnik, Kunstdünger und Pflanzenschutzmitteln weltweiter ökologischer Kreise herstellen, deren Umsetzung in Summe zu deutlich verringerten Hektarerträgen in der Landwirtschaft führen muss. Im Ergebnis würde eine klimabewusste und ökologische Weltlandwirtschaft demnach also nur noch einen Teil der gegenwärtigen Weltbevölkerung ausreichend zu ernähren vermögen, was uns aber die Protagonisten einer globalen Dekarbonisierung bis zum Jahre 2100 nicht klar und offen vermitteln.

Das sogenannte 2-Grad Ziel der globalen Klimapolitik enthält somit also auch noch einen malthusianischen „Trojaner" zur Begrenzung oder Reduzierung der Weltbevölkerung, der uns offenbar absichtlich vorenthalten wird.

Die politische Klimawissenschaft versucht nun in einer religiös anmutenden globalen Bekehrung, die Klimagenese unserer Erde auf die Zeit seit Beginn der Industrialisierung zu begrenzen. Der Beginn der Industrialisierung stellt für die Klimareligion denjenigen glaubensbedingten Sündenfall zum Zeitpunkt „0" dar, an dem der Mensch durch die Nutzung fossiler Energien unserer Mutter Erde die Gestaltung des globalen Klimas entrissen haben soll. Diese Lehrmeinung des Klimaalarmismus' ignoriert oder marginalisiert dabei alle paläoklimatischen Erkenntnisse, die seinem Glaubensbekenntnis entgegenstehen. Eine solche Sichtweise der Klimareligion verletzt damit das gesicherte Aktualitätsprinzip der Geowissenschaften (hier: Paläoklimatologie) und begibt sich in das Glaubensumfeld eines pseudowissenschaftlichen Kreationismus, Zitat Wikipedia:

„Der Aktualismus (lat. actualis „wirklich"), auch Aktualitätsprinzip, Uniformitäts- oder Gleichförmigkeitsprinzip, englisch Uniformitarianism, ist die grundlegende wissenschaftliche Methode in der Geologie" (1).

Dieses Aktualitätsprinzip sagt, nur weil der Mensch plötzlich irgendwelche Erkenntnisse gewonnen hat, verändert sich die Welt nicht. Vielmehr gehorchen alle natürlichen Abläufe auf unserer Erde weiterhin ihren Milliarden Jahre alten Gesetzmäßigkeiten und alle neuen Erkenntnisse des Menschen müssen sich an solchen fortlaufenden natürlichen Vorgängen beweisen. Wenn wir tatsächlich wissenschaftliche Erkenntnisse über die natürliche Klimagenese gewinnen wollen, dann müssen wir also zunächst völlig ergebnisoffen alle Erkenntnisse aus unserer fortlaufenden Erdgeschichte über die natürliche Entwicklung unseres Paläoklimas verstehen lernen.

Stattdessen wird aber aus einem gefestigten CO_2-Klimaglauben heraus zunehmend versucht, mittels klimawissenschaftlichem „Reverse Engineering" den Beelzebub des Klimaglaubens, also das CO_2, als alleinigen natürlichen Klimaantrieb auch für unser Paläoklima zu installieren. Im Gegensatz dazu wurde aber schon längst der wissenschaftliche Nachweis erbracht, dass CO_2 ein reiner „Temperaturfolger" ist, der atmosphärische CO_2-Gehalt sich also immer erst nachträglich an veränderte globale Durchschnittstemperaturen angepasst hat - was übrigens auch für den CO_2-Anstieg in unserem gegenwärtigen Klimaoptimum nicht ganz auszuschließen ist.

Die politisierte Klimawissenschaft hat sich durch ihre zielorientierte Vorgehensweise zum Beweis einer menschengemachten Klimakatastrophe also in völligen Gegensatz zum wissenschaftlichen Prinzip des Aktualismus begeben, nach dem sich alle gegenwärtigen Entwicklungen auf unserer Erde aus der geologischen Entwicklung der Erdgeschichte herleiten. Nachfolgend hat der Autor veröffentlichte Artikel und ergänzende Kapitel zu einer Argumentationskette im Sinne dieses geowissenschaftlichen Aktualismus' zusammengestellt. Die bereits veröffentlichten Originaltexte wurden teilweise an den aktuellen Argumentationsverlauf angepasst, beziehungsweise einzelne Argumentationsschritte gegenüber dem Original noch weiter verdeutlicht. Dadurch lassen sich einerseits doppelte Argumentationsstränge nicht ganz vermeiden, diese können aber andererseits durch einen abweichenden Blickwinkel zu einem klareren Verständnis der jeweiligen Argumentation beitragen. Insbesondere der atmosphärische Treibhauseffekt als zentraler Glaubenssatz der Klimareligion ist hier Gegenstand der Überprüfung.

Aber was ist dieser natürliche Treibhauseffekt eigentlich und wie wirkt er?

Der atmosphärische Treibhauseffekt unserer Erde von 33 Grad ergibt sich als Differenz zwischen einer, wie nachfolgend nachgewiesen wird fehlerhaft, mit dem Stefan-Boltzmann-Gesetz aus der globalen Energiebilanz ermittelten theoretischen Durchschnittstemperatur von -18° Celsius und der gemessenen globalen Durchschnittstemperatur von +15° Celsius. Dieser atmosphärische Treibhauseffekt (THE) von 33 Grad ist somit offenbar ebenfalls ein globaler Durchschnittswert, aber sein tatsächlicher Verlauf auf der Erde ist völlig unbekannt:

- o Gibt es beim THE eine Abhängigkeit zwischen Tag und Nacht?
- o Gibt es beim THE Unterschiede zwischen Sommer und Winter?
- o Gibt es beim THE eine Abhängigkeit von der geographischen Breite?

Es ist in der wissenschaftlichen Literatur nirgendwo ein Hinweis über die exakte zeitliche und räumliche Verteilung dieses THE aufzufinden, einfach nur 33 Grad. Da es sich beim THE aber um einen Effekt handelt, der, wie auch die individuelle Ortstemperatur, direkt von der Infrarot-Rückstrahlung der Erdoberfläche abhängig ist, müsste er irgendwie nach Tages- und Jahreszeit schwanken. Denn auf der Nachtseite der Erde und im jeweiligen Winter an den Polkappen scheint die Sonne ja gar nicht, um einen THE überhaupt „versorgen" zu können.

Ergo vermag die Sonne unsere Erde lediglich auf ihrer Tagseite zu erwärmen und aufzuheizen, und deshalb darf man auch nur hier die Temperatur berechnen.

Der „natürliche" atmosphärische Treibhauseffekt bezeichnet also die Differenz zwischen einem fatalen Rechenfehler und der Realität.

Der wissenschaftliche Konsens über eine menschengemachte Klimakatastrophe:

Das siebenundneunzig Prozent-Problem: Welcher Konsens?

Immer wieder hört und liest man, 97 Prozent aller wissenschaftlichen Arbeiten (manchmal auch aller Wissenschaftler) würden eine vom Menschen verursachte globale Klimaerwärmung bestätigen. Das Consensus Project (2) bezieht sich bei dieser Aussage sogar auf eine veröffentlichte Studie, die genau das nachgewiesen haben will. Die dort zitierte Studie *"Quantifying the consensus on anthropogenic global warming in the scientific literature"* von Cook et al. aus *Environ. Res. Lett. 8 (2013) 024024 (7pp)* weist den 97%-Konsens für „Anthropogenic Global Warming" (AGW) folgendermaßen nach:

- 12.465 wissenschaftliche Arbeiten wurden auf Aussagen zu AGW untersucht

- 4.014 Arbeiten enthielten eigene Positionen zu AGW

- Von diesen 4.014 Arbeiten mit Aussagen zu AGW bestätigen 97% die AGW-Theorie

Der angebliche AGW-Konsens von 97 Prozent wird also als Zirkelbezug innerhalb einer Teilmenge von 4.014 der ursprünglich untersuchten 12.465 wissenschaftlichen Arbeiten berechnet und nicht etwa auf der Basis der Gesamtheit aller Arbeiten. Dieser Rechenansatz ist natürlich völlig absurd und gewinnt dadurch auch keinerlei Aussagekraft. Wenn man denn eine Aussage zu AGW überhaupt in einer solchen Form darstellen kann, dann würde der sogenannte „Konsens" bei korrekter Berechnung also auf eine Quote von lediglich knapp 32% der untersuchten wissenschaftlichen Arbeiten kommen. Dieses knappe Drittel aller 12.465 untersuchten Arbeiten stellt aber gleichzeitig das gesamte Spektrum der Befürworter der AGW-Theorie dar, beinhaltet also auch die sogenannten „Lukewarmer", die einen menschlichen Klimabeitrag durchaus für möglich halten, Katastrophenszenarien für die künftige Klimaentwicklung aber ablehnen.

Für die vorhergesagten globalen Katastrophenszenarien unserer zukünftigen Klimaentwicklung bliebe demzufolge nur noch ein „Konsens" von deutlich weniger als einem Drittel übrig. Und wenn man dann mit diesem Hintergrundwissen einmal ganz kritisch hinsieht, findet man beim Consensus Project sogar die Beschränkung auf die beschriebene Teilmenge richtig dargestellt wieder. Dort heißt es nämlich hinter einem riesigen „97%..." kleingedruckt (mit eigener Hervorhebung),

*„... of published climate papers **with a position on human-caused global warming** agree: GLOBAL WARMING IS HAPPENING – AND WE ARE THE CAUSE"*,

also: „97% der veröffentlichten Klima-Artikel **mit einer Position zur menschengemachten globalen Erwärmung** stimmen zu: Die globale Erwärmung geschieht – und wir sind der Grund". Bei einer umfassenden Betrachtung für alle von Cook et al. ausgewerteten wissenschaftlichen Klima-Veröffentlichungen sieht das Ergebnis also ganz anders aus:

- Eine Zweidrittelmehrheit der untersuchten wissenschaftlichen Klima-Arbeiten macht offenbar keine gesellschaftspolitischen Aussagen zu AGW.

- Klimarealisten werden nur mit etwa 1% aller untersuchten Veröffentlichungen durch ihre gesellschaftspolitischen Ansichten gegen AGW auffällig.

- Die Protagonisten von AGW sind dagegen mit knapp einem Drittel von allen untersuchten Veröffentlichungen wesentlich weniger zurückhaltend mit gesellschaftspolitischen Aussagen in wissenschaftlichen Veröffentlichungen.

Ergebnis:

Den ominösen und vielzitierten Konsens für eine 97-prozentige Akzeptanz der AGW-Theorie gibt es in der Klimaforschung also gar nicht. Und damit steht die wissenschaftsfeindliche Forderung nach einem „Ende der Klima-Diskussion" moralisch und rechnerisch völlig im Abseits. In der Studie von Cook et al. wird aber der klare Nachweis geführt, dass es im Wesentlichen die Protagonisten einer Klimakatastrophe sind, die gesellschaftspolitische Positionen in wissenschaftliche Arbeiten einbringen. Schließlich wird in der vorliegenden Untersuchung ein Abgleich von konträren gesellschaftspolitischen Positionen in einer subjektiv ausgewählten Teilmenge zum Maßstab für einen angeblichen Konsens in den gesamten Klimawissenschaften gemacht.

Als positives Ergebnis dieser Studie ist immerhin festzuhalten, dass sich in der Klimaforschung noch immer eine „schweigende" Zweidrittelmehrheit mit ihren wissenschaftlichen Arbeiten aus der gesellschaftspolitischen Diskussion um die Klimakatastrophe heraushält. In der öffentlichen Darstellung der Klimaforschung wird am Ende also die gesellschaftspolitische Meinung einer Ein-Drittel-Minderheit als wissenschaftlicher 97%-Konsens der Mehrheit verkauft.

Vor dem Hintergrund der hier nachgewiesenen „Ein-Drittel-Wahrheit" für den menschengemachten Klimawandel ist es schon sehr eigenartig, dass die sogenannten „Klimaleugner" von Anhängern der Klima-Katastrophe immer wieder mit Leugnern aller Art in einen Topf geworfen werden. Völlig unverständlich wird es aber, wenn in einer offenen wissenschaftlichen Diskussion über die Grundlagen eines befürchteten globalen Klimawandels sogenannten „Klimaleugnern" und „Lukewarmern" gleichermaßen ein „Klima des Hasses" entgegenschlägt (Kalte-Sonne-Beitrag (3) am 3. Februar 2015), und das nicht nur in Großbritannien und den USA. So wurden beispielsweise in einer Broschüre (4) des Umweltbundesamtes von 2013 die Kritiker des menschengemachten Klima-Wandels ganz pauschal als ahnungslos abgestempelt, worauf die WELT (5) titelte, „Eine Behörde erklärt die Klimadebatte für beendet".

Erschienen auf KalteSonne am 19. Februar 2015: http://www.kaltesonne.de/das-siebenundneunzig-prozent-problem-welcher-konsens/

Eine englischsprachige Übersetzung erschien auf NoTricksZone:
http://notrickszone.com/2015/02/20/german-analysis-97-percent-consensus-does-not-exist-demands-to-end-debate-are-way-off-sides/#sthash.J67G1j00.dpbs

Was ist eigentlich Klima?

Computergestützte Klimaprognosen warnen uns vor einem gefährlichen menschengemachten Klimawandel und deshalb soll eine im Klimavertrag von Paris vereinbarte globale Dekarbonisierung die Menschheit vor einer ganz schlimmen Klimazukunft bewahren. Und bevor am Ende wieder einmal alle von nichts gewusst haben wollen und natürlich auch keiner mitgemacht hat, stellt sich doch eigentlich erstmal die Frage, was die Begriffe „Klima" und „Prognosen" eigentlich bedeuten; Paris ist hoffentlich selbsterklärend.

Das fängt mit „Klima" ganz einfach an, denn Klima ist per Definition (6) das 30-jährige statistisch gemittelte Wettergeschehen. Das ist für Jedermann leicht nachvollziehbar, und für Jedefrau und Jedengender1-60 natürlich auch, wenn er-sie-es mehr als 30 Jahre alt ist.

Also Blick zurück, was hat sich in der vergangenen 30 Jahren eigentlich geändert?

    – Früher war alles viel besser, also ist das Klima eindeutig schlechter geworden.

Wo?

    – Natürlich hier zu Hause, also irgendwo im EEG-Nimmerland.

Nun geht es bei diesem Klimaalarm aber gar nicht allein um unser Nimmerland, denn wir müssen ja schließlich die ganze Welt durch eine globale Dekarbonisierung retten. Das Klima ist offenbar auch überall sonst auf dieser Welt schlechter geworden, also das ominöse Weltklima.

Dieses Weltklima, was ist denn eigentlich „das Weltklima"?

    – Das Weltklima ist logischerweise per Definition das statistische Mittel aus 30 Jahren „Weltwetter".

Und was ist nun Weltwetter?

    – Das ist bekanntermaßen sehr unterschiedlich. Schon der Reisewetterbericht für Europa kann ziemlich große Temperaturunterschiede aufzeigen. Aber das ist noch gar nichts gegen den Unterschied zwischen der Nord- und der Südhalbkugel unserer Erde. Denn wenn bei uns hier auf der Nordhalbkugel Winter ist, dann ist auf der Südhalbkugel nämlich Sommer.

Was ist also das statistische Mittel für ein Weltwetter aus Winter und Sommer?

– Das ist doch ganz klar, Herbst oder Frühling. Und das statistische Mittel aus Frühling und Herbst ist dann HerbstFrühling. Das Weltwetter ist also im Mittel WeltHerbstFrühlingWetter. Und das 30-jährige statistische Mittel aus diesem WeltHerbstFrühlingWetter ist dann das Weltklima.

Bis hierhin haben wir also schon zweimal ganz grob abstrahiert, einmal über beide Hemisphären unserer Erde und das zweite Mal über 30 Jahre. Dabei sind wir aber nicht etwa auf die real existierenden natürlichen klimatischen Vegetationszonen gestoßen, sondern auf ein künstliches Durchschnittskonstrukt.

Aber was hat nun dieses „Weltklima" mit dem Wetter hier in unserem EEG-Nimmerland zu tun?

– Eigentlich überhaupt nichts mehr!

Und wo auf unserer schönen Welt kann man dieses ominöse „Weltklima" dann erleben?

– Nimmermehr auf dieser Welt, sondern nur noch in den apokalyptischen Weissagungen von Klimawahrsagern.

Diese Klimawahrsager rechnen dann nämlich das WeltHerbstFrühling-Wetter über zehntausende Jahre mit ihren sündhaft teuren Supercomputern hoch und weissagen daraus dann beispielsweise eine menschengemachte Verschiebung (7) der nächsten Eiszeit um 100.000 Jahre. Das ist wirklich ganz schrecklich, stellen Sie sich nur einmal vor: Keine Energiespar-Iglus, keine Gletscher im Garten und keine Hundeschlitten im öffentlichen Nahverkehr für die nächsten 100.000 Jahre...

Bei diesen Weissagungen gibt es allerdings einen ganz klitzekleinen Haken: Man munkelt nämlich in der Szene, die Datengrundlage für solche Berechnungen sei durch eine Art Lottomaschine „verbessert" (8) worden, um den Klimavertrag von Paris und die Dekarbonisierung der Welt herbeizuzaubern. Solche Temperaturdatensätze werden nämlich von einigen wenigen wichtigen (ausdrücklich: nicht „wenig wichtigen") Klimawahrsageinstitutionen wie der NOAA (9) „gepflegt" und den Klimawahrsagern in aller Welt für ihre Berechnungen zur Verfügung gestellt.

Und ganz zufällig, ausgerechnet vor dem Pariser Klimagipfel, überschlagen sich dann solche Weissagungen mit ganz schrecklichen Auswirkungen einer menschengemachten Katastrophe für die „Klimazukunft" unserer Erde. Und heute sind ausgerechnet dieses Computerprogramm und genau diese Datengrundlage mit den zugrundeliegenden „verbesserten" historischen Temperaturdaten nicht mehr auffindbar (10). Das ist natürlich Rainer Zufall, eine aktive Verschleierungsabsicht wäre eine ganz boshafte Unterstellung sogenannter „Klimaleugner". Denn was können die verantwortlichen Wissenschaftler bei NOAA schon dafür, wenn ihnen der Supercomputer einfach unter den Händen „abraucht", natürlich inklusiver aller Programme und aller Daten? Darüber hätte Volkswagen ja schließlich auch mal rechtzeitig nachdenken können, aber in der Wirtschaft soll es sogar irgendwelche Phobiker geben, die ganze Rechenzentren „spiegeln", um wichtige Konstruktions- und Kundendaten zu sichern - aber sowas hat die Klimareligion natürlich gar nicht nötig. Und außerdem sind diese Klimadaten jetzt endgültig vor Trumps Zugriff (11) sicher, der ja ein bekennender „Klimaleugner" sein soll, und der deshalb bereits Angst und Schrecken (12) in der globalen Klimagemeinde verbreitet.

Immerhin behauptet die globale Klimakirche ja von sich, mit ihrer Lehre einer vom Menschen verursachten Klimakatastrophe über die wissenschaftliche Begründung für eine „Dekarbonisierung" genannte erzwungene globale Transformation der Weltgemeinschaft hin zu einer vollerneuerbaren „kohlenstoff-freien" Gesellschaft zu verfügen - denn tausende von Armen geben schließlich immer mehr als ein Reicher. Und so etwas glaubt sich ohne Daten sowieso viel besser.

Aber es ist wie im richtigen Leben bei allen gesellschaftlichen und religiösen „weltverbessernden" Feldversuchen, es gibt immer diese ungläubigen Konterrevolutionäre, die sich jedem gesellschaftlichen Fortschritt der Menschheit einfach in den Weg stellen. Solche ewig gestrigen „Klimaleugner" sind schließlich daran schuld, dass es diese schönere neue dekarbonisierte Welt noch immer nicht gibt:

- Sie glauben an einen ungebremsten technologischen Fortschritt – und bezweifeln, dass man EEG-Strom in der für eine sichere Stromversorgung erforderlichen Menge speichern kann.

- „Klimaleugner" glauben nicht einmal an Natur- und Umweltschutz – und kritisieren ständig die Landschaftszerstörung durch Windkraftanlagen, Solarparks und Maismonokulturen für Biogasanlagen.

- Dabei haben sie natürlich überhaupt nichts mit Ressourcenschonung am Hut – ständig meckern sie darüber, dass wir uns zwei komplette Stromerzeugungssysteme leisten, einen subventionierten „erneuerbaren" EEG-Kraftwerkspark und konventionelle Kraftwerke, die wir nicht abschalten können, weil sonst nachts bei Flaute das Licht ausgeht.
- Und schließlich stören sich diese „Klimaleugner" noch nicht einmal an der wirtschaftlichen Ungerechtigkeit auf dieser Welt – ständig weisen Sie darauf hin, dass beim EEG die Armen die garantierten Gewinne der Reichen bezahlen müssen.

Es ist einfach unglaublich, was sich diese Leute einfach so herausnehmen, wo doch die Faktenlage völlig eindeutig ist und 97 Prozent aller Wissenschaftler, Wirtschaftsvertreter, Politiker, Kleriker, Esoteriker und Wahrsager an die von computergestützten Klima-Prothesen (13) erzeugte menschengemachte Klimakatastrophe glauben. Kein Wunder also, dass sich sogenannte „Klimaleugner" als Zeichen echter wissenschaftlicher Diskussionskultur schon mal mit Aussagen wie dieser konfrontiert sehen, Zitat:

> „ ...Sorry, aber wenn Sie Ihren Schrott fuer die Erde als Scheibe und aufgrund eines bloeden Rechenfehlers die vermeintlich "erfundene" Gegenstrahlung mitsamt dem angeblich nichtexistenten TE nochmal veröffentlichen, werde ich Sie fertigmachen..."
> (Zitat aus der E-Mail eines ex-IPCC TAR-Gutachters an den Autor)

Ein weiteres Schlaglicht vermittelt der Artikel „Eine Klima-Story, die erzählt werden muss" von Dr. Tim Ball, übersetzt von Chris Frey, EIKE, Zitat: „... *Eine der vielen falschen Statements, die es in der Debatte um globale Erwärmung/Klimawandel gibt ist die, dass die Wissenschaft ‚settled' ist. Ironischerweise haben diejenigen, die das sagten, mehr dazu getan, widerwärtig zu sein als irgendwer sonst. Die Bösartigkeit begann und steigerte sich, als immer mehr Beweise erbracht wurden, die zeigten, dass die Wissenschaft alles andere als ‚settled' war und ist...*" https://www.eike-klima-energie.eu/2017/03/13/eine-klima-story-die-erzaehlt-werden-muss/

An dieser Stelle ist es schwer, die Kurve zu einem passenden Schlusswort zu finden. Glauben Sie doch einfach, was Sie wollen, aber glauben Sie ja nicht, dass Sie das auch beweisen können...

Das globale CO$_2$-Budget ist fortlaufend „erneuerbar"!

Auf dem Internetblog „Klimalounge" war am 11. April 2017 ein Artikel mit dem Titel „Können wir die globale Erwärmung rechtzeitig stoppen?" erschienen.

http://scilogs.spektrum.de/klimalounge/koennen-wir-die-globale-erwaermung-rechtzeitig-stoppen/

Mit der Aussage, ein befürchteter Temperaturanstieg von 1,5 bis 2 Grad erlaube nur noch ein globales CO$_2$-Budget von 150 bis 1.050 Gigatonnen (Gt), wird dann über Ausstiegsszenarien aus den kohlenstoff-basierten fossilen Energieträgern schwadroniert. Dort wird behauptet, das Temperaturniveau, auf dem die globale Erwärmung später zum Halten käme, wäre in guter Näherung proportional zu den kumulativen CO$_2$-Emissionen und um die globale Erwärmung zu stoppen, müssten noch vor 2050 globale Nullemissionen für CO$_2$ erreicht werden.

Aber selbst dann, wenn man an einen menschengemachten Klimawandel durch die Nutzung fossiler Energien glaubt, sollte man sich nicht gleich ins Bockshorn jagen lassen. Denn es schadet vom wissenschaftlichen Standpunkt her sicherlich nicht, die der dortigen Argumentation zugrunde liegende und nachfolgend abgebildete IPCC-Graphik einmal näher zu betrachten und mit zusätzlichen Fakten abzugleichen:
Die Klimawirksamkeit von CO$_2$ wird üblicherweise als „Klimasensitivität" in Grad pro Verdoppelung angegeben. Das IPCC gibt dafür eine Spanne von 1,5 bis 4,5 [° / 2xCO$_2$] an. Der ursprüngliche vorindustrielle atmosphärische CO$_2$-Gehalt soll 280 ppm betragen haben. Bis zum Jahre 2015 hatte der Mensch aus der Nutzung fossiler Energieträger etwa 1.400 Gt CO$_2$ zusätzlich in die Atmosphäre eingebracht (Quelle: http://www.erneuerbare-energien-und-klimaschutz.de/datserv/CO2/index.php)und damit den CO$_2$-Gehalt der Atmosphäre auf 400 ppm erhöht.

Nachfolgend die IPCC-Abbildung aus dem Klimalounge-Artikel vom 11. April 2017.

Der dortige Text zu dieser Abbildung lautet, Zitat: *„Zusammenhang von kumulativen CO2-Emissionen und globaler Erwärmung. Die Zahlen an den „Blasen" geben die in den verschiedenen Szenarien erreichte CO2-Konzentration in der*

Atmosphäre an. Die auf der vertikalen Achse angegebene Temperatur gilt zu dem Zeitpunkt, an dem die auf der horizontalen Achse angegebene Emissionsmenge erreicht wird. Das heißt: die noch folgende weitere Erwärmung allein aufgrund der thermischen Trägheit im System ist hier noch nicht einkalkuliert. Quelle: IPCC Syntheseberich (2014)."

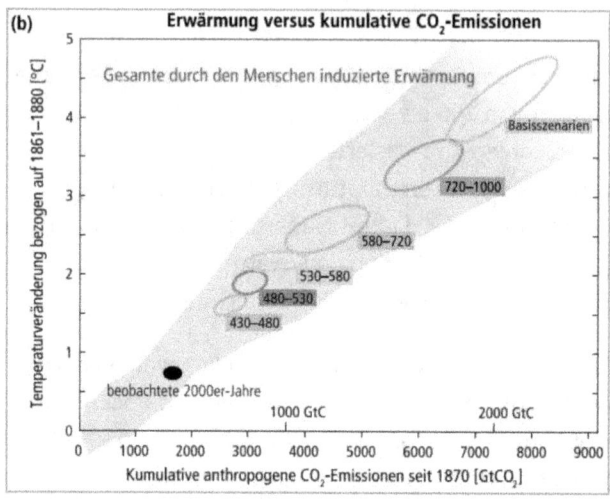

Die Aussagen über das verbleibende globale CO_2-Budget basieren offenbar auf dem Blasenwert aus der obigen IPCC-Graphik mit (480-530 ppm $\cong$ 3.000 Gt $CO_2 \cong$ 1,75-2,0 ΔT °C). Vergleichen wir diese Werte einmal mit den oben aufgeführten zusätzlichen Fakten:

Fremdabbildung, Quelle IPCC: http://www.ipcc.ch/pdf/assessment-report/ar5/syr/AR5_SYR_FINAL_SPM.pdf - dort Figure SPM.5(b)

Der **vorindustrielle CO_2–Gehalt** in unserer Atmosphäre soll **280 ppm** oder 0,028% betragen haben. Für den Zeitraum zwischen 1900 und 2015 summiert sich der anthropogene CO_2-Eintrag auf insgesamt etwa **1.400 Gigatonnen (Gt)** und hatte zu einer Erhöhung des atmosphärischen CO_2-Gehaltes um 0,012% auf 0,040% oder **400 ppm** geführt. Zwischen dem anthropogenen CO_2-Ausstoß und dem atmosphärischen CO_2-Gehalt ergibt sich also folgender Zusammenhang:

(1) **X Gt $CO_2 \cong$ 280 ppm**   mit X = „natürliche" atmosphärische CO_2-Menge [Gt CO_2]

(2) **X Gt CO_2 + 1.400 Gt $CO_2 \cong$ 400 ppm**

(3) = (2) - (1)   **1.400 Gt $CO_2 \cong$ 120 ppm**

Die ursprüngliche atmosphärische CO_2-Gesamtmenge „X [Gt CO_2]" ergibt sich dann aus den Zeilen (1) und (3) mit einem einfachen Dreisatz zu:

X Gt CO_2 = 280 ppm x 1.400 Gt CO_2 / 120 ppm = 3.200 Gt CO_2

Wir können aus dem IPCC-Blasenwert mit (480-530 ppm $\cong$ 3.000 Gt CO_2 $\cong$ 1,75-2,0 ΔT °C) einmal ganz vorsichtig eine mittlere CO_2-Konzentration von 510 ppm für einen maximalen anthropogenen Temperaturanstieg unter 2 Grad entnehmen. Diese 510 ppm entsprechen dann knapp 6.000 Gt CO_2. Abzüglich der natürlichen atmosphärischen CO_2-Menge ergibt sich daraus also ein ursprüngliches globales Emissionsbudget von 2.800 Gt CO_2 für eine Temperaturerhöhung unter 2 Grad, das sogar noch um 200 GT CO_2 kleiner ist, als im IPCC-Bubble angegeben wird. Von diesem ursprünglich verfügbaren globalen CO_2-Budget von 2.800 Gt CO_2 wären bereits 1.400 Gt CO_2 „verbraucht". Dieser Wert stimmt übrigens auch recht gut mit den Angaben der Bundeszentrale für politische Bildung überein, nach denen sich die Konzentration von CO_2 seit Beginn der Industrialisierung um ca. 40 Prozent erhöht haben soll.

Nach der hier durchgeführten Abschätzung würde eine Erhöhung des vorindustriellen atmosphärischen CO_2-Gehaltes auf **510 ppm** also weitere **1.400 Gt CO_2** (=2.800 Gt CO_2– 1.400 Gt CO_2) erfordern, um nach der oben abgebildeten IPCC-Graphik schließlich eine atmosphärische Temperaturerhöhung von insgesamt etwa **1,75-2,0 °C** auszulösen. Bei einem weltweiten jährlichen CO_2-Ausstoß von konstant 30 Gigatonnen würde es ab dem Jahre 2015 dann noch etwa 45 Jahre bis zu einem angeblich anthropogen verursachten Temperaturanstieg von insgesamt knapp 2 Grad Celsius dauern, also etwa bis zum Jahre 2060.

Die Aussage über eine kumulative Wirkung von CO_2 zur Bemessung des verfügbaren CO_2-Budgets in dem zitierten Klimalounge-Artikel ist aber nur insoweit korrekt, wie sich dieses CO_2 auch noch in der Atmosphäre befindet. Das anthropogene CO_2 hat in unserer Atmosphäre nämlich eine Verweildauer von nur etwa 120 Jahren (hier unter dem Stichwort „Kohlendioxid": https://www.umweltbundesamt.de/themen/klima-energie/klimaschutz-energiepolitik-in-deutschland/treibhausgas-emissionen/die-treibhausgase).

Das globale CO_2-Budget ist also gar nicht kumulativ, sondern fortlaufend „erneuerbar"!

Mit dieser Verweildauer von etwa 120 Jahren für das anthropogene CO_2 in unserer Atmosphäre beträgt das fortlaufende globale CO_2-Budget für den anthropogenen CO_2-Ausstoß also etwa **2.800 Gt CO_2 pro 120 Jahre**. Damit dürfte dann ein vorgeblich menschengemachter Temperaturanstieg sicher unter 2 Grad bleiben. Wir haben also eigentlich bis zum Jahre 2060 Zeit, um den anthropogenen CO_2-Ausstoß auf jährlich 23 Gigatonnen (=2.800 Gt CO_2 / 120 Jahre) zu begrenzen und damit das ominöse 2-Grad Ziel dauerhaft zu abzusichern. Von Null-Emissionen ab 2050 kann also selbst dann keine Rede sein, wenn man tatsächlich an einen menschengemachten Klimawandel durch CO_2-Emmissionen glauben will.

Ein globales CO_2-Budget von jährlich etwa 23 Gigatonnen CO_2 würde vielmehr die befürchtete menschengemachte Klimaerwärmung dauerhaft unter 2 Grad halten. Die Dekarbonisierung der Welt erweist sich damit zum wiederholten Male als eine völlig unnötige Selbstkasteiung der Menschheit. Und aufgrund dieser religiös anmutenden Agenda will die westliche Welt jetzt freiwillig ihre kohlenstoff-basierte Lebensgrundlage zerstören und unseren daraus resultierenden Lebensstandard vernichten.

Offen bleibt nur, ob das zustimmende Schweigen einer gesellschaftlichen Mehrheit in den von einer globalen Dekarbonisierung bedrohten westlichen Industrienationen auf einem übersättigten Desinteresse, einer verkümmerten individuellen Kritikfähigkeit oder auf mangelhaften Kenntnissen in der Prozentrechnung beruht...

Erschienen auf KalteSonne am 29. April 2017:
Prozentrechnung müsste man können: Das en(t)liche CO2-Budget

„Kein Irrtum ist so groß, dass er nicht seine Zuhörer hat."

Martin Luther (1483 -1546)

Klima-Revolution:

Ein atmosphärischer Treibhauseffekt ist nicht erkennbar!

Teil 2: Gibt es einen natürlichen atmosphärischen Treibhauseffekt?

Treibhauseffekt: Auf der Suche nach dem heiligen Gral des Klimaglaubens	22
Widerlegung des Treibhauseffekts 1-2-3	
Der natürliche Treibhauseffekt unserer Atmosphäre beruht auf einer Fehlberechnung	32
Über einen vergeblichen Versuch, unsere Welt vor der Dekarbonisierung zu retten	40
Hat er oder hat er nicht: Wer im Treibhaus sitzt…	46
Die Treibhausdiskussion auf dem Science Sceptical Blog	53
Hier noch ein paar Worte zur Geometrie	55
Widerlegung des Treibhauseffekts 4	
Nachdem sich der Rauch verzogen hat: Stefan-Boltzmann auf den Punkt gebracht	56
Noch ein paar weitere Graphiken zum Tagesverlauf der Sonneneinstrahlung	65
Mal ganz nebenbei: Über Graphiken als Argumentationshilfe	66
Weitere Überlegungen zur hemisphärischen Herleitung einer globalen Durchschnittstemperatur	67

Anmerkung: Nachfolgend werden die Wertepaare -19°C/+14°C und -18°C /+15°C gleichbedeutend für die theoretische respektive gemessene Temperatur unserer Erde verwendet. Die Differenz von jeweils 1 Grad beruht auf Rundungen und unterschiedlichen Kommastellen für die Albedo der Erde, teilweise sind in den Quellen auch nur absolute Strahlungswerte ohne Bezug zur Albedo angegeben.

Treibhauseffekt: Auf der Suche nach dem Heiligen Gral des Klimaglaubens

Das Schöne an allgemein akzeptierten Gewissheiten ist, dass sie keines weiteren Beweises mehr bedürfen, sondern tief im populären Glauben verwurzelt sind. Die Scheibenform der Erde war so eine Gewissheit und auch das geozentrische Weltbild, in dem sich die Sonne um die Erde dreht. Ein solcher wissenschaftlich verbrämter Aberglauben wurde endgültig erst durch die Aufklärung beendet, und seither bedarf es eines nachprüfbaren oder reproduzierbaren Beweises für eine wissenschaftliche These.

Das sollte eigentlich auch für eine vorgeblich vom Menschen verursachte Klimakatastrophe gelten.

Ausgangssituation für diese vom Menschen verursachte Klimakatastrophe ist angeblich die Industrialisierung und der damit einher gehende Kohlenstoffdioxid-(CO_2)-Ausstoß aus der Energieerzeugung mittels kohlenstoff-haltiger fossiler Energieträger. Und deshalb wird der „vorindustrielle" Durchschnittswert für die globale Durchschnittstemperatur um das Jahr 1850 als „natürliche" globale Durchschnittstemperatur definiert. Nur zu dumm, dass Mitte des 19. Jahrhunderts gerade die sogenannte „Kleine Eiszeit" mit einem natürlichen globalen Temperaturminimum zu Ende ging. Und ausgerechnet diese niedrige globale Durchschnittstemperatur aus der „Kleinen Eiszeit" muss jetzt als „natürliche" Referenz (14) für unser gegenwärtiges Klima und damit für einen vorgeblich „unnatürlichen" menschengemachten Anstieg der globalen Durchschnittstemperatur herhalten.

Der natürliche atmosphärische Treibhauseffekt stellt nun den zentralen klimawissenschaftlichen Zusammenhang zwischen dem vom Menschen verursachten CO_2-Ausstoß und einer künstlich herbeigerechneten Klimakatastrophe her. Durch den menschlichen Kohlenstoffdioxid-Ausstoß wird dieser natürliche Treibhauseffekt angeblich zusätzlich „angeheizt" und führt somit zu einer katastrophalen Erwärmung der Erdatmosphäre.

Schon hier müsste sich eigentlich die Frage aufdrängen, weshalb in allen Herleitungen für die tatsächlichen Kosten fossiler Energien auf der Habenseite ausgerechnet die mehr als verdoppelte Lebenserwartung in den Industrienationen und der gegenüber vorindustriellen Zeiten unglaublich gestiegene aktuelle Lebensstandard fehlen. Wir haben uns in der Klimadiskussion offenbar schon sehr weit von den Grundlagen einer aufgeklärten dialektischen Analyse entfernt und uns vielmehr freiwillig einer zielgerichteten gesellschaftspolitischen Propaganda ergeben.

Denn diese angeblich menschengemachte Klimakatastrophe soll jetzt durch eine politisch gewollte Dekarbonisierung der Welt bis zum Jahre 2100 verhindert werden, vorgeblich ohne jeglichen Einfluss auf die Lebenserwartung und den Lebensstandard zukünftiger Generationen. Und mehr als 180 Nationen haben den Klimavertrag von Paris bereits unterzeichnet...

Die Kernfrage lautet: Was ist nun eigentlich dieser Treibhauseffekt und wie wird er nachgewiesen?

Darüber sollte ja nun der sogenannte „Weltklimarat" IPCC genauestens Bescheid wissen und Auskunft geben können. In der unten abgebildeten Tabelle 1.1 aus dem 5. Klimareport des IPCC (2013, Seite 124) ist eine historische Übersicht für die IPCC-Berichte 1 bis 4 über menschliche und natürliche Klimaantriebe (*Human and Natural Drivers of Climate Change*) dargestellt; die entsprechende Aussage aus dem FAR mit dem Zitat zum Treibhauseffekt wurde hier vergrößert dargestellt.

FAR SPM Statement	SAR SPM Statement	TAR SPM Statement	AR4 SPM Statement
There is a natural greenhouse effect which already keeps the Earth warmer than it would otherwise be. Emissions resulting from human activities are substantially increasing the atmospheric concentrations of the greenhouse gases carbon dioxide, methane, chlorofluorocarbons and nitrous oxide. These increases will enhance the greenhouse effect, resulting on average in an additional warming of the Earth's surface. Continued emissions of these gases at present rates would commit us to increased concentrations for centuries ahead.	Greenhouse gas concentrations have continued to increase. These trends can be attributed largely to human activities, mostly fossil fuel use, land use change and agriculture. Anthropogenic aerosols are short-lived and tend to produce negative radiative forcing.	Emissions of greenhouse gases and aerosols due to human activities continue to alter the atmosphere in ways that are expected to affect the climate. The atmospheric concentration of CO_2 has increased by 31% since 1750 and that of methane by 151%. Anthropogenic aerosols are short-lived and mostly produce negative radiative forcing by their direct effect. There is more evidence for their indirect effect, which is negative, although of very uncertain magnitude. Natural factors have made small contributions to radiative forcing over the past century.	Global atmospheric concentrations of carbon dioxide, methane and nitrous oxide have increased markedly as a result of human activities since 1750 and now far exceed pre-industrial values determined from ice cores spanning many thousands of years. The global increases in carbon dioxide concentration are due primarily to fossil fuel use and land use change, while those of methane and nitrous oxide are primarily due to agriculture. *Very high confidence* that the global average net effect of human activities since 1750 has been one of warming, with a radiative forcing of +1.6 [+0.6 to +2.4] W m⁻².

Tabelle aus 5. Klimareport des IPCC (2013, Seite 124)

Erstaunlicherweise wird der natürliche atmosphärische Treibhauseffekt also lediglich im ersten IPCC-Report von 1992 überhaupt explizit erwähnt. In den nachfolgenden Klimaberichten entfernt sich der IPCC dann vom Treibhauseffekt und fokussiert auf sogenannte „klimaaktive Gase", gerade so, als wolle er mit dem Treibhauseffekt gar nichts mehr zu tun haben. Und zuletzt, im Zusammenhang (15) mit seinem 4. Report (2007), gibt dieser sogenannte „Weltklimarat" IPCC dann eher schmallippig und unqualifiziert die Erklärung ab, die Durchschnittstemperatur der Erde würde ohne diesen Treibhauseffekt „*unter dem Gefrierpunkt von Wasser*" (16) liegen. Das war schon alles. Wenn Sie's nicht glauben wollen, dann schauen Sie hier (17) im aktuellen IPCC-Klimareport oder anderswo doch selber einmal nach und suchen Sie den Treibhauseffekt und dessen wissenschaftliche Erklärung.

Und basierend auf dieser dünnen Grundlage werden dann in den IPCC-Berichten kapitelweise die schrecklichsten Szenarien für die Klimazukunft der Menschheit aus stark vereinfachenden Computermodellen hochgerechnet. Auf dieser äußerst dünnen wissenschaftlichen „Grundlage" wird dann eine <u>„Große Transformation</u>" (18) geplant, um mittels einer globalen „Dekarbonisierung" die Welt vor dem Menschen zu retten. Aber ohne eine fundierte wissenschaftliche Darstellung des zugrundeliegenden Treibhauseffektes bleiben all solche Szenarien und Hochrechnungen nur publikumswirksame Klimaspekulationen.

Insbesondere müsste man ja die vorindustrielle Ausgangssituation und alle konkreten Einflussgrößen für einen Temperaturanstieg, also den natürlichen und den angeblich vom Menschen hervorgerufenen Klimaantrieb, ganz genau spezifizieren und quantifizieren und mit den Hochrechnungen für ein zukünftige Weltklima genau an dieser Stelle aufsetzen.

Und, sind wirklich alle konkreten Einflussgrößen für unser Klima bekannt und kann man sie genau quantifizieren? – Nein!

Aber es ist leider noch viel schlimmer. Wenn man das Weltklima auf zehntausende von Jahren hochrechnen will, dann müsste man eigentlich diese computergestützten Klimamodelle zunächst an der nachgewiesenen Klimahistorie unserer Erde „eichen". Da gibt es die bereits erwähnte Kleine Eiszeit, weiter zurück die Mittelalterliche Wärmeperiode, davor das Pessimum der Völkerwanderung und das Römische Optimum, also einen auch historisch belegten natürlichen Klimawandel über etwa zweitausend Jahre. Die gegenwärtigen Klimamodelle können diese natürlichen Temperaturschwankungen aber gar nicht abbilden. Und trotzdem verlassen wir uns auf diese Modelle, um mit der globalen Dekarbonisierung eine Weltrevolution mit ungeahnten Auswirkungen auf unser tägliches Leben und das nachfolgender Generationen zu erzwingen.

Offenbar hatte man die „Beweislast" für den atmosphärischen Treibhauseffekt zur Erreichung dieser hehren Ziele einfach umgekehrt: Der atmosphärische Treibhauseffekt war offenbar einstmals aus der Notwendigkeit heraus entstanden, die Differenz zwischen einer mit dem Stefan-Boltzmann-Gesetz ermittelten Schwarzkörpertemperatur der Erde von -18° Celsius und der gemessenen globalen Durchschnittstemperatur von +14,8° Celsius zu erklären (Abbildung unten).

Die sogenannten „Treibhausgase" und eine „atmosphärische Gegenstrahlung" waren also zunächst die sekundären wissenschaftlichen „Krücken", mit denen man die Differenz von 33 Grad Temperaturunterschied zwischen Theorie und Praxis zu erklären suchte. Später fügte man diesen Annahmen dann Berechnungen und Daten hinzu, nämlich die theoretische Herleitung einer Gegenstrahlung mittels der Schwarzschild-Gleichung und den Strahlungstransfergleichungen sowie noch später die Daten von Satellitenmessungen. Erstaunlich ist allerdings, dass sich alle wissenschaftlichen Beweise für einen atmosphärischen Treibhauseffekt bei näherer Betrachtung entweder in Widersprüchen „verheddern" oder in dem „Bermudadreieck" der herkömmlichen S-B Schwarzkörperberechnung mit den Eckwerten von −18° Celsius und +14,8° Celsius sowie deren rechnerischer Differenz von 33° Celsius enden:

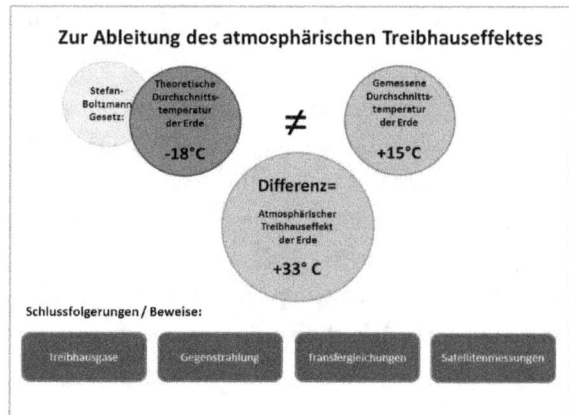

- o **Treibhausgase:** Den sogenannten „Treibhausgasen" (THG), hauptsächlich Wasserdampf, Kohlenstoffdioxid und Methan, wird vom IPCC eine aktive Temperaturwirksamkeit in [W/m^2] (19) zugemessen. Das ist aber grundsätzlich falsch, denn solche Gase sind keine aktive Strahlungsquelle. IR-aktive Gase absorbieren zwar passiv Infrarotstrahlung, können eine solche Strahlung aber ohne externe Quelle gar nicht aus eigener Kraft erzeugen. Und damit entfällt auch ein aktiver energetischer Beitrag der THG zum sogenannten Treibhauseffekt.

- o **Gegenstrahlung:** Die „atmosphärische Rückstrahlung" soll angeblich die Erdoberfläche mit zusätzlich 155 [W/m^2] erwärmen, ein kälterer Körper (235 W/m^2) erwärmt also fortlaufend einen wärmeren (390 W/m^2). Aber wo soll diese zusätzliche Energie eigentlich herkommen? – Von den sogenannten Treibhausgasen (S. o.) jedenfalls nicht. Die Hauptsätze der Thermodynamik schließen vielmehr ein Perpetuum Mobile jeglicher Art grundsätzlich aus. Patente für ein Perpetuum Mobile scheitern beispielsweise regelmäßig an der Forderung des Deutschen Patent- und Markenamtes auf Präsentation (20) eines funktionstüchtigen Prototyps.

- **Transfergleichungen:** Selbst in der theoretischen Herleitung einer „atmosphärischen Gegenstrahlung" mittels Schwarzschild-Gleichung und Strahlungstransfergleichungen wird die sogenannte „Gleichgewichts-Temperatur" von 255° Kelvin (=−18° Celsius) für das System Erde-Atmosphäre ausgerechnet wieder aus der herkömmlichen S-B Berechnung für die Schwarzkörpertemperatur der Erde hergeleitet (hier (21) unter 4.11.1). Wenn das falsche Ergebnis aber vorher bereits festgelegt wurde, dann ist jede nachfolgende Berechnung in den dadurch vorgegebenen Grenzen sinnlos.

- **Satellitenmessungen:** Und die angeblich gemessenen Satellitendaten zum Beweis eines atmosphärischen Treibhauseffektes bestehen lediglich aus einem Vergleich (22) zwischen der theoretischen IR-Abstrahlung der Erde und den von Satelliten gemessenen Spektren. Diese beiden Spektren unterscheiden sich durch die von den Satelliten gemessenen Absorptionstrichter der IR-aktiven Gase. Und diese Differenz zwischen beiden Spektren soll dann den Treibhauseffekt erklären. Eine solche „statische" Differenz beider Spektren ist ja hoch interessant, bedarf aber einer tieferen Erklärung.

Frage: Was würde eigentlich in der dynamische Realität passieren, wenn die Erdoberfläche fortlaufend mehr Energie abstrahlen würde, als nach den Satellitenmessungen angeblich von der Atmosphäre ins Weltall weitergeleitet wird?
Richtig, die Atmosphäre würde ständig wärmer, immer wärmer und noch viel wärmer und hätte schließlich schon vor langer Zeit in einer thermalen „Resonanzkatastrophe" zum Hitzetod unserer Erde geführt. Hier fehlt also jede Erklärung für einen sinnfälligen und dauerhaften Verbleib der fehlenden IR-Anteile in den von Satelliten gemessenen IR-Spektren, denn diese werden ja fortwährend erzeugt und müssen demnach auch irgendwo abbleiben. Vielleicht sollte man hier ja einmal über Streuungseffekte durch die IR-aktiven Gase analog zur Entstehung des Himmelsblaus (Rayleigh-Streuung) nachdenken...

In dem Buch „**Das Klimasystem und seine Modellierung**" (Springer), Autoren von Storch, Güss und Heimann, heißte es zum atmosphärischen Treibhauseffekt auf Seite 83 erfrischend ehrlich, Zitat mit Hervorhebungen:

> *„... Der Faktor τ ist notwendig, um dem Treibhauseffekt (Abschnitt 2.1) Rechnung zu tragen...*
>
> **Das Modell (4.4)** *[das Stefan-Boltzmann-Gesetz mit den zusätzlichen Faktoren 0,95 und τ]* **erzeugt die „gewünschte" Temperatur** *von 288 Kelvin bzw. +15°C, wenn τ=0,64 gesetzt wird ...*
>
> *Es ist wichtig zu betonen, dass der Wert [τ=] 0,64 eine indirekt bestimmte Zahl ist („tuning parameter"), das* **heißt für die obige Modellvorstellung angepasst worden ist...**"

Mit anderen Worten, man bastelt sich also einen zusätzlichen Faktor τ in das Stefan-Boltzmann-Gesetz hinein, damit das gewünschte Rechenergebnis mit den Messwerten für die globale Durchschnittstemperatur auch wirklich übereinstimmt und bestätigt damit dann den angeblichen atmosphärischen Treibhauseffekt. Ein solcher Faktor τ ist aber in der physikalisch verbindlichen Form des Stefan-Boltzmann-Gesetzes gar nicht enthalten. Das S-B Gesetz ist vielmehr ausschließlich für das Verhältnis von Strahlung und Temperatur in einem thermischen Gleichgewichtszustand gültig und experimentell bestätigt.

Der wissenschaftliche Nachweis für den atmosphärischen Treibhauseffekt besteht also offenbar darin, in ein gesichertes physikalisches Gesetz noch einen willkürlichen „Tuning Parameter" einzufügen und dessen Wert so festzulegen, dass man damit das gewünschte Ergebnis „Treibhauseffekt" erzielt.

Ein Beispiel für Tuning: Das „gewünschte" Ergebnis von (1+1) sei 3. Man führe nun einfach einen neuen Tuning-Parameter (τ=1,5) ein und erhält

τ * (1+1) = 3 - aber das ist dann wohl eher ein Fall für PISA...

Immerhin sind die zugrunde liegenden Bezüge zwischen dem atmosphärischen Treibhauseffekt und der ursprünglichen Stefan-Boltzmann Herleitung für die Schwarzkörpertemperatur unserer Erde in der Klimaliteratur noch nicht ganz verloren gegangen. So gibt der IPCC in seinem ersten Klimabericht (FAR) von 1992 (23) auf Seite XXXVII (Abbildung unten) immerhin noch explizit die klimarelevanten Eckwerte für unsere Erde an, und zwar ausgerechnet die ominösen

−18, +15 und 33° Celsius aus der herkömmlichen Stefan-Boltzmann Herleitung.

Introduction Tabelle aus 1. Klimareport des IPCC (1992, Seite XXXVII)

	Surface Pressure (Relative to Earth)	Main Greenhouse Gases	Surface temperature in absence of Greenhouse effect	Observed Surface Temperature	Warming due to Greenhouse Effect
VENUS	90	> 90% CO_2	46°C	477°C	523°C
EARTH	1	~0.04% CO_2 ~1% H_2O	-18°C	15°C	33°C
MARS	0.007	> 80% CO_2	-57°C	-47°C	10°C

Die minderqualifizierte Erklärung des sogenannten „Weltklimarats" IPCC in der „Frequently Asked Question 1.3" (24) zu seinem 4. Klimareport von 2007 (AR4), die Durchschnittstemperatur der Erde würde ohne diesen Treibhauseffekt „unter dem Gefrierpunkt von Wasser" liegen, beweist die oben behauptete Verschleierungstaktik für die zugrunde liegenden Tatsaschen. Inzwischen hat sich der IPCC offenbar ganz von den ursprünglichen S-B Grundlagen für den atmosphärischen Treibhauseffekt gelöst und verteilt die ominösen 33 Grad Temperaturdifferenz lieber auf die klimaaktiven Treibhausgase, die aber gar keine zusätzliche Strahlungsenergie erzeugen können.

Verlässt sich der IPCC also inzwischen vollständig auf den „Volksglauben" an einen Treibhauseffekt?

Es sieht so aus, aber trotz solcher phänomenologischer Erklärungsversuche deuten alle verbliebenen Spuren weiterhin auf eine direkte „Urheberschaft" von Stefan-Boltzmann für den „atmosphärischen Treibhauseffekt" hin. Man kann übrigens die Schwarzkörpertemperatur der Erde herkömmlich über die globale Energiebilanz oder alternativ über die direkte Sonneneinstrahlung auf der Tagseite der Erde herleiten; im letztgenannten Fall (25) erübrigt sich die übliche Hilfskonstruktion über einen atmosphärischen Treibhauseffekt.

Anmerkung: In den insgesamt etwa 1.500 Kommentierungen zu Veröffentlichungen über die fehlerhafte Herleitung des atmosphärischen Treibhauseffektes prallen Weltanschauungen aufeinander, von denen jede für sich den Anspruch der alleinigen Wahrheit erhebt, aber nirgendwo wird diese neue hemisphärische Ableitung widerlegt oder gar auf eine exakte und wissenschaftlich nachvollziehbare Herleitung des atmosphärischen Treibhauseffektes verwiesen.

Erstaunlich ist also, dass keine eindeutige und allgemeinverständliche Herleitung für den atmosphärischen Treibhauseffekt als dem zentralen Wirkmechanismus einer menschengemachten Klimakatastrophe zu existieren scheint, obwohl beispielsweise für die weit komplexere Relativitätstheorie durchaus schlüssige und allgemeinverständliche Erklärungen aufzufinden sind.

Wie wir also bei dieser Suche nach einer solchen wissenschaftlich exakten Formulierung für den atmosphärischen Treibhauseffekt gesehen haben, ist genau dieser wissenschaftliche Nachweis nirgendwo auffindbar. Vielmehr scheint es in der klimawissenschaftlichen Literatur sukzessive zu einer „Beweisumkehr" gekommen zu sein, bei der schließlich die vormals postulierten Sekundäreffekte selbst als Beweis für die Temperaturdifferenz von 33 Grad zwischen der berechneten und gemessenen Durchschnittstemperatur unserer Erde herhalten müssen. Die angeblichen Beweise für einen atmosphärischen Treibhauseffekt wurden also durch eine Umkehrung der ursprünglichen Argumentationskette erzeugt. Gleichzeitig wurde der Bezug zu der zugrunde liegenden Herleitung aus dem Stefan-Boltzmann Gesetz zunehmend verschleiert und verschwindet somit zusehends in einem „S-B Bermudadreieck" hinter einer „geistigen Zahlschranke".

Der atmosphärische Treibhauseffekt stellt sich am Ende als ein unbewiesener Glaubensgrundsatz der globalen Klimakirche dar, vergleichbar beispielsweise mit der jungfräulichen Geburt des Heilands im Christentum. Erstaunlicherweise fühlen sich oftmals selbst ausgewiesene Klimarealisten bemüßigt, die Existenz dieses atmosphärischen Treibhauseffektes als wissenschaftlich erwiesenen zu verteidigen. Auch bei ihnen trifft man auf die widersinnige Zirkelargumentation, man könne den herkömmlichen Ansatz für einen atmosphärischen Treibhauseffekt trotz seiner mit den Eckwerten (−18°C, +14,8°C und 33°C) klar nachzuweisenden S-B Herkunft mit Hilfe desselben gar nicht widerlegen, weil S-B auf diese Problemstellung überhaupt nicht anwendbar sei.

Ausgerechnet von Teilen der sogenannten Klimarealisten-Szene wird also der atmosphärische Treibhauseffekt aufs Heftigste verteidigt, man ist sich dort noch nicht einmal für „ad hominem"-Angriffe zu schade, vorgeblich um die eigene kritische Position in der Öffentlichkeit nicht zu schwächen. Im Spektrum des

Glaubens an einen menschengemachten Klimawandel ist eine Unterscheidung in „Realos" und „Fundis" wohl aber eher konfessioneller Natur; beide haben offenbar ein ganz erhebliches Problem im Umgang mit „Klimaketzern".

Es ist schon höchst irritierend, dass wir heute, also nach mehr als drei Jahrhunderten Aufklärung, von populistischen Ablasshändlern noch immer keine grundlegenden Beweise für glaubensartig verbreitete Gewissheiten einzufordern gewohnt sind.

Erstaunlich ist weiter, dass dieser religiöse Glaube an eine menschengemachte Klimakatastrophe völlig problemlos alle positiv besetzten Bewegungen wie Ökologie, Naturschutz und Ressourcenschonung auf sich vereinigen konnte. Und das, obwohl dieser vorgebliche „Klimaschutz" durch „erneuerbare Energien" deren eigentlichen Zielen diametral entgegensteht:

- Ökologie (26): Die Erzeugung von „erneuerbaren Energien" geht mit einem Verbrauch naturnaher Landschaften einher, der um den Faktor 1.000 bis 10.000 größer ist als der Flächenverbrauch von leistungsgleichen konventionellen Kraftwerken. Wenn aber dereinst keine Zwangssubventionen mehr fließen, müssen diese Flächen als „nachhaltiger" Müllplatz für Ökoruinen herhalten; vorher werden angeblich zusätzlich erforderliche neue Stromtrassen noch weitere Schneisen schlagen...

- Naturschutz (27): Windkraftanlagen sind jährlich für den Tod hunderttausender Fledermäuse und Vögel verantwortlich, oft aus streng geschützten und vom Aussterben bedrohten Arten. Und der Maisanbau für Biogasanlagen führt zu Monokulturen, die mit einer erheblichen Einschränkung der biologischen Artenvielfalt einhergehen.

- Ressourcenschonung (28): Wir leisten uns zwei Stromerzeugungssysteme, ein unzuverlässiges subventioniertes System für die Erzeugung von „erneuerbare Energien" und einen konventionellen Kraftwerkspark, den wir nicht ausschalten können, um nachts bei Windstille einen Zusammenbruch unserer Stromversorgung zu vermeiden.

Unser Glaube an den angeblich vom Menschen verursachten Klimawandel ist also so stark, dass wir bereit sind, dafür die sichtbare Realität zu verleugnen und alle nachhaltigen Schutzziele zu verraten, die wir zum Erhalt unserer natürlichen Umwelt für die nachfolgenden Generationen zu verfolgen vorgeben.

Dabei ist das grundlegende Wissen um den natürlichen Antrieb von globalen Klimaveränderungen fast so alt wie die Theorie der Kontinentalverschiebung. Wladimir Köppen und Alfred Wegener, der „Vater der Plattentektonik", hatten diese Klimaveränderungen nämlich bereits 1924 in ihrem Buch "Die Klimate der geologischen Vorzeit" (29) (Bornträger) den orbitalen Milanković-Zyklen zugeschrieben. Dort wurde nachgewiesen, dass diese orbitalen Zyklen und die Temperaturschwankungen über die Eiszeitalter denselben zeitlichen Verlauf zeigen. Was einzig fehlt ist der konkrete Wirkungszusammenhang zwischen diesen beiden Größen, weil die Unterschiede in der solaren Einstrahlung allein für eine Erklärung nicht ausreichen. Bis zum Ausbruch eines panischen Klimaalarms in den 1980-er Jahren hatte diese Beschreibung von Köppen und Wegener zusammen mit den Berechnungen von Milanković in den Geowissenschaften für eine Erklärung der paläoklimatischen Wechsel über die Eiszeitaltern ausgereicht.

Mit dem Klimaalarm um Kohlenstoffdioxid (CO_2) aber ging dann der wissenschaftspolitische Versuch einher, den Klimawandel als ein ausschließlich menschengemachtes Phänomen darzustellen. Damit aber unterblieb nicht nur eine Weiterentwicklung der Erkenntnisse von Köppen und Wegener, nein, dieser Zusammenhang ist vielmehr in der politischen Klimawissenschaft inzwischen völlig in Vergessenheit geraten (worden). Stattdessen wird von der interessierten Klimawissenschaft zunehmend ein genereller „natürlicher" Klimaeinfluss von CO_2 konstruiert, und zwar rückblickend auch für die Genese unseres Paläoklimas. Aber zusammen mit dem Svensmark-Effekt und der Notch-Delay Theorie lässt sich heute durchaus ein natürlicher Wirkmechanismus (30) für die Klimagenese auf unserer Erde allein aus den natürlichen Schwankungen der Sonneneinstrahlung skizzieren, und zwar völlig ohne den vorgeblichen Einfluss von CO_2 allein über den Klima-Einfluss einer schwankenden Albedo unserer Erde.

Wir hatten diese Betrachtung mit der Aufklärung begonnen und wollen sie damit auch beenden. Nach mehr als dreihundert Jahren Aufklärung bleibt hier also abschließend festzustellen, dass einer der beiden Begriffe dauerhaft Fiktion bleiben muss, entweder die geistige Aufklärung der Menschheit oder die menschengemachte Klimakatastrophe.

Damit haben wir die freie Wahl, individuell eine selbstverantwortliche Aufklärung zu leben oder uns in einer moralisch-ökologischen Transformation der globalen Klimakirche zu unterwerfen.

Widerlegung des atmosphärischen Treibhauseffektes I:

Der „natürliche Treibhauseffekt" unserer Atmosphäre beruht auf einer Fehlberechnung

Vereinfachende, mit überarbeiteten Abbildungen und um einige Erklärungen erweiterte Zusammenfassung einer englischsprachigen Veröffentlichung über den angeblichen natürlichen Treibhauseffekt. Der Originaltext ist in den Mitteilungen der Deutschen Geophysikalischen Gesellschaft Nr.3/2016 mit dem Titel *"A Short Note about the Natural Greenhouse Effect"* zur Diskussion gestellt worden und zu finden auf: https://dgg-online.de/publikationen/mitteilungen/

Definition für den natürlichen Treibhauseffekt: Der natürliche Treibhauseffekt unserer Atmosphäre soll die Temperatur der Erde um etwa 33 Grad erhöhen, und zwar von ca. -19° Celsius (theoretisch berechnete Schwarzkörpertemperatur der Erde) auf ca. +14°C (tatsächlich gemessene globale Durchschnittstemperatur).

Zusammenfassung: Der herkömmliche Ansatz für die Berechnung der theoretischen Durchschnittstemperatur unserer Erde bezieht deren unbeleuchtete Nachtseite mit ein und verletzt damit den streng geforderten thermischen Gleichgewichtszustand im zugrunde liegenden Stefan-Boltzmann Gesetz. Der „natürliche Treibhauseffekt" unserer Atmosphäre wird nun aus der Differenz zwischen theoretischer und gemessener Temperatur abgeleitete ist daher einer Fehlberechnung geschuldet.

Dazu ein erklärendes Beispiel: Stellen Sie sich einmal vor, Sie hätten in Ihrem Haus zwei Räume und würden in einem dieser Räume einen Ofen mit einer festen Heizleistung aufstellen, die Tür zwischen beiden Räumen wäre offen. Dann würden Sie berechnen, wie stark dieser Ofen beide Räume gemeinsam - ohne die trennende Wand - erwärmen könnte und in dem erwärmten Raum nachmessen. Die Differenz zwischen der im geheizten Raum gemessenen höheren Temperatur und der niedrigeren theoretischen Temperatur für beide Räume würden Sie dann als „Treibraumeffekt" bezeichnen und Ihrem Ofen eine zusätzliche Heizleistung zusprechen. In ganz ähnlicher Weise wird der „natürliche Treibhauseffekt" unserer Erde berechnet.

Anders ausgedrückt, das Stefan-Boltzmann Gesetz ist keine Rechenanweisung, um aus jeder beliebigen Strahlungsmenge irgendeine Temperatur oder umgekehrt aus jeder beliebigen Temperatur irgendeine Strahlungsmenge zu errechnen. Das Gleichheitszeichen im S-B Gesetz steht vielmehr für ein ganz bestimmtes Verhältnis von Strahlung und Temperatur, nämlich für ein stabiles thermisches Gleichgewicht. Und erst in einem solchen thermischen Gleichgewichtsfall ergibt sich dann die im S-B Gesetz vorgegebene Relation zwischen Strahlungsmenge und Temperatur.

Das Stefan-Boltzmann Experiment: Die oben zitierte Definition für den natürlichen Treibhauseffekt beruht auf der Umkehrung des Stefan-Boltzmann Experiments (Abbildung 1), das durch das S-B Gesetz beschrieben wird:

(1) $\quad P / A = \sigma \cdot T^4 \quad$ mit $\quad$ der Stefan-Boltzmann-Konstanten $\sigma = 5{,}670 \cdot 10^{-8}$ [W m^{-2} K^{-4}]
und $\quad$ P = Strahlung in [W], A = Fläche [m²], T = Temperatur in [°K]

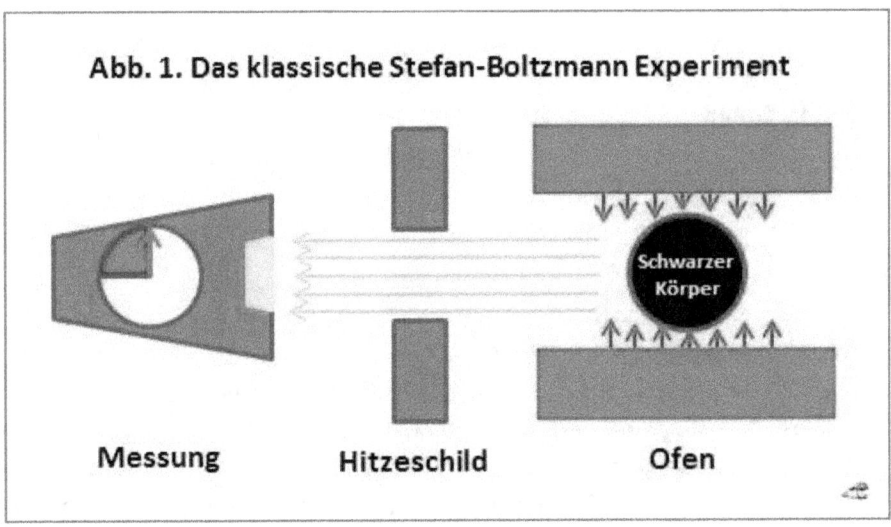

Abb. 1. Das klassische Stefan-Boltzmann Experiment

Das Stefan-Boltzmann Experiment ist ein Standardexperiment in der physikalischen Universitätsausbildung und beschreibt die Relation zwischen der Temperatur eines künstlich erhitzten schwarzen Körpers und der von ihm abgestrahlten Energiemenge in einem thermischen Gleichgewichtszustand. Es ist hier ausdrücklich hervorzuheben, dass in diesem S-B Experiment (Abbildung 1) der schwarze Körper komplett von allen Seiten erhitzt wird.

Das Stefan-Boltzmann Gesetz ist ein gesichertes physikalisches Theorem und damit ist auch seine Umkehrung anwendbar: Eine bestimmte, passiv erhaltene Energiemenge wird einen schwarzen Körper anregen, im thermischen Gleichgewichtszustand schließlich eine bestimmte Temperatur anzunehmen. Durch eine solche Rückwärtsberechnung wurde der natürliche Treibhauseffekt von 33 °C als Differenz zwischen der theoretischen Schwarzkörperstrahlung der Erde von ca. -19 °C und ihrer gemessenen Durchschnittstemperatur von ca. +14 °C ermittelt, wie das in Abbildung 2 dargestellt ist.

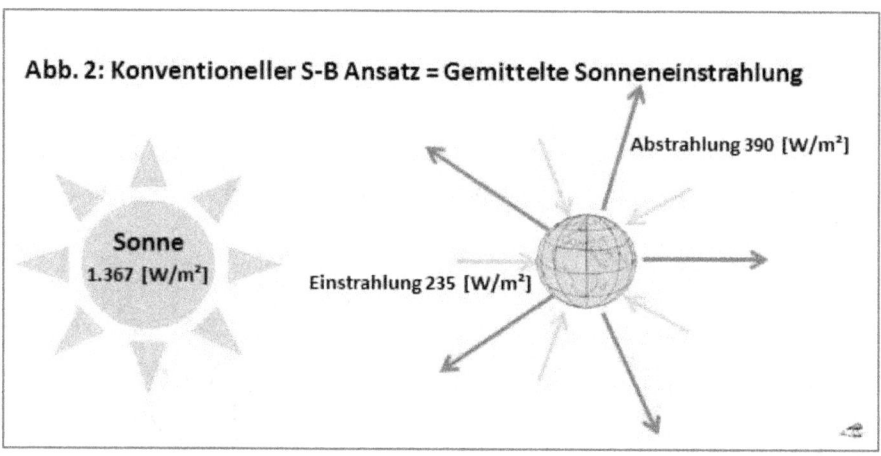

Wenn wir diesem konventionellen Ansatz folgen, dann wird die Einstrahlung der Sonne (Solarkonstante) auf den Querschnitt der Erde an der Oberseite der Atmosphäre (Top of Atmosphere = TOA) von 1.367 [W/m²] (WMO 1982) (31) mit 342 [W/m²] auf die Gesamtfläche der Erdkugel gemittelt. Von diesem Betrag muss dann noch die von Wolken und Erdoberfläche reflektierte Energiemenge (Stichwort: Albedo der Erde) von 107 [W/m²] abgezogen werden, die nicht zur Temperaturbildung auf der Erde beiträgt. Das Ergebnis lautet

(2)   **342 [W/m²] - 107 [W/m²] = 235 [W/m²]**

mittlere temperaturwirksame Sonneneinstrahlung. Diese gemittelte Strahlungsleistung der Sonne von (P/A = 235 [W/m²]) wird dann in die Stefan-Boltzmann Gleichung eingesetzt und ergibt eine berechnete Schwarzkörpertemperatur von -19,4 °C für die gesamte Erdoberfläche. Die gemessene globale Mitteltemperatur beträgt aber 14,8 °C und deren berechnete Schwarzkörperstrahlung wiede-

rum 390 [W/m²]. Diese Differenz von 155 [W/m²] zwischen beiden Strahlungswerten wird als „natürlicher Treibhauseffekt" bezeichnet.
Nun ist aber die Erde ein geschlossenes System, das lediglich eine externe temperaturwirksame Energiemenge von durchschnittlich 235 [W/m²] von der Sonne erhält; der Wärmefluss aus dem Erdinneren und die Gezeitenreibung sind sehr viel kleiner und können in dieser Betrachtung vernachlässigt werden. Der natürliche Treibhauseffekt muss folglich als ein zusätzlich Energie erzeugendes atmosphärisches „Perpetuum Mobile" verstanden werden, das aus sich selbst heraus eine zusätzliche Leistung von 155 [W/m²] erzeugt. Zusammen mit der effektiv wirksamen Sonnenstrahlung von 235 [W/m²] ergäbe sich daraus dann eine Abstrahlungsleistung der Erde von insgesamt 390 [W/m²] und eine mittlere Durchschnittstemperatur von 14,8 °C (Abbildung 2). Damit aber entsteht ein dauerhaftes Ungleichgewicht zwischen der eingestrahlten und der abgestrahlten Energiemenge auf unserer Erde, was zu einem physikalischen Widerspruch führt.

Zwischenergebnis 1: Ein „atmosphärischer Treibhauseffekt" als ein Prozess zusätzlicher thermischer Selbstaufheizung mit 155 [W/m²] steht in völligem Gegensatz zu den Gesetzen der Thermodynamik, nach denen jegliche Art von Energieerzeugung aus dem Nichts (Perpetuum Mobile) unmöglich ist.

Warum sollte nun aber eine solche S-B Schwarzkörperberechnung für die Erde nicht funktionieren, wo man doch die Oberflächentemperatur der Sonne (32) auf diese Weise recht gut bestimmen kann?
Nun, die Sonne ist ein aktiv selbstleuchtender Stern, der sein Licht nach allen Seiten abstrahlt. Der grundlegende Fehler bei der konventionellen Anwendung des Stefan-Boltzmann Gesetzes zur Berechnung der Schwarzkörperstrahlung der Erde besteht nämlich darin, dass bei der Mittelung der einfallenden Sonnenstrahlung die Nachtseite der passiv beleuchteten Erde mit einbezogen wird, was gleich doppelt fehlerhaft ist:

- **Erstens** wird die einfallende Sonneneinstrahlung (**P @ TOA**) rechnerisch auf eine **doppelt so große** Fläche (**2A = gesamte Erdoberfläche**) verteilt, als die tatsächliche Fläche beträgt, auf der die Sonne temperaturwirksam ist (**A = Tagseite der Erde**). Dadurch wird dann die Schwarzkörpertemperatur (**T**) der Erde auch nur aus der halben spezifischen Energieeinstrahlung (**P/2A anstelle von P/A**) berechnet, aus der sich dann mit der 4. Wurzel zwangsläufig eine viel zu niedrige S-B Durchschnittstemperatur ($T = \sqrt[4]{P/(2A*\sigma)}$) ergibt.

- **Zweitens** wird bei diesem Ansatz der im S-B Gesetz zwingend geforderte **thermische Gleichgewichtszustand** zwischen Einstrahlung und Abstrahlung durch die Einbeziehung der sich ständig abkühlenden Nachtseite der Erde in die S-B Schwarzkörperberechnung verletzt.

Das Stefan-Boltzmann Gesetz geht aber zwingend von einem thermischen Gleichgewichtszustand aus. Wenn also ein ganzer Körper einheitlich erhitzt wird und sich im thermischen Gleichgewicht von Ein- und Abstrahlung befindet, dann ist es auch völlig egal, an welcher Stelle man die Messung der Schwarzkörpertemperatur durchführt, denn das geforderte thermische Gleichgewicht besteht dann ja auch tatsächlich an jeder beliebigen Stelle dieses Körpers. Der konventionelle Ansatz für die Schwarzkörperberechnung unserer Erde wäre also richtig, wenn es zwei Sonnen mit der halben Strahlungsleistung unserer Sonne gäbe, die jeweils eine Hälfte der Erde beleuchten würden; allerdings wüssten wir dann wiederum nicht, wie hoch die tatsächlich gemessene Durchschnittstemperatur der Erde wäre.

Bei unserer halbseitig von der Sonne erwärmten Erde kann man nun aber im Gegenteil nicht ernsthaft behaupten, dass an jedem beliebigen Ort ein einheitliches Temperaturgleichgewicht herrscht, denn die Nachtseite der Erde kühlt sich ja ständig ab. Wenn wir aber schon an jedem beliebigen Ort der Erde unterschiedliche Tag- und Nachttemperaturen messen können, dann können wir mit dem Stefan-Boltzmann Gesetz umgekehrt auch keine einheitliche Schwarzkörpertemperatur für die gesamte Erde ermitteln. Denn welche gemessene Temperatur sollte dann als Vergleich zur berechneten Schwarzkörpertemperatur herangezogen werden, die Tag- oder die Nachttemperatur oder eine willkürliche Kombination aus beiden – und wenn ja, welche?

Auf diese Frage gibt das Stefan-Boltzmann Gesetz aber gar keine Antwort, vielmehr gilt dieses Gesetz ausdrücklich und ausschließlich für ein thermisches Gleichgewicht zwischen ein- und ausgehender Strahlung. Und ein solches Gleichgewicht kann bestenfalls auf der sonnenbeschienenen Hälfte der Erde existieren.

Zwischenergebnis 2: Bei einem halbseitig beleuchteten Körper wie der Erde darf man die unbeleuchtete Nachtseite nicht in die Berechnung der theoretischen Schwarzkörpertemperatur einbeziehen. Denn die Randbedingungen des Stefan-Boltzmann Gesetzes schreiben zwingend einen stabilen Gleichgewichtszustand zwischen eingestrahlter und abgestrahlter Energiemenge vor.

Alternative Lösung: Um die theoretische Durchschnittstemperatur der Erde mit dem S-B Gesetz korrekt berechnen zu können, müssen wir uns bei der Berechnung der Schwarzkörpertemperatur also ganz exakt an den S-B Versuchsaufbau in Abbildung 1 anlehnen und auch die thermische Gleichgewichtsforderung des S-B Gesetzes einbeziehen. Denn die Nachtseite der Erde wird eben nicht von der Sonne „beheizt", sondern kühlt sich im Gegenteil ständig ab und darf daher nicht in die Berechnung eingehen.

Nachfolgend werden wir uns hier bei der S-B Temperaturberechnung also auf die **sonnenbeschienenen Tagseite der Erde** beschränken, wie das in Abbildung 3 dargestellt ist.

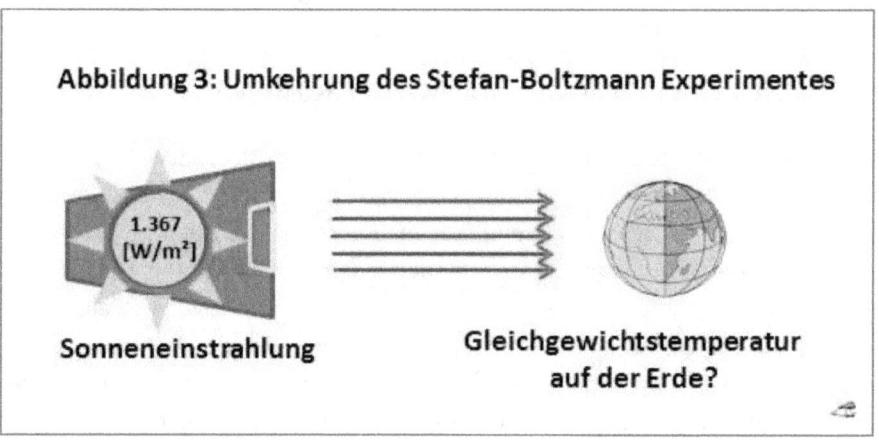

Stellen wir uns bei dieser Betrachtung weiterhin einmal vereinfachend vor, unsere Erde würde nicht (genauer: nur 1x im Jahr) um ihre eigene Achse rotieren, der Sonne also immer die gleiche Seite zuwenden. Damit wären dann alle Orte auf der Tagseite in einem dauerhaften Strahlungsgleichgewicht.

Wenn wir für die Tagseite der Erde nun alle Strahlungswerte aus Gleichung (2) verdoppeln, erhalten wir die durchschnittliche Strahlungsleistung auf der Tagseite, wie das in Abbildung 4 dargestellt ist.

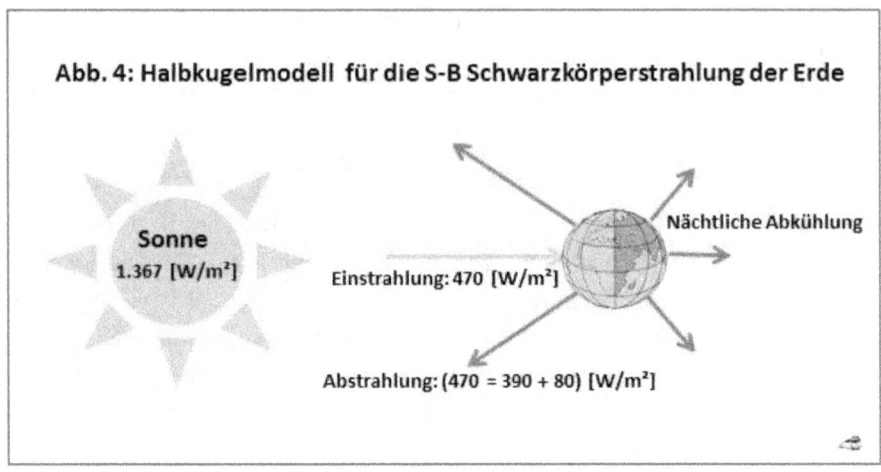

Abb. 4: Halbkugelmodell für die S-B Schwarzkörperstrahlung der Erde

Der Energieinhalt der infraroten Rückstrahlung von der Erdoberfläche im sogenannten „atmosphärischen Fenster" von 80 [W/m²] wird direkt in den Weltraum abgestrahlt und entfällt daher bei einer Berechnung der atmosphärisch wirksamen Strahlungsleistung. Es ergibt sich daraus dann

(3)   **684 [W/m²] - 214 [W/m²] - 80 [W/m²] = 390 [W/m²]**

effektive Strahlungsleistung in der Atmosphäre und eine oberflächennahe Atmosphärentemperatur von 14,8 °C, und zwar ganz ohne einen „natürlichen Treibhauseffekt". Dieses Ergebnis gilt entsprechend auch für die rotierende Erde, weil sich dort ja die Strahlungsmengen gegenüber dem vereinfachten Modell nicht verändern. Lediglich am Morgen dürfte es auf der rotierenden Erde einige Zeit dauern, bis wegen der nachts abgestrahlten Energiemenge wieder ein Strahlungsgleichgewicht erreicht wird. Für die Nachtseite der Erde kann dagegen keinerlei Aussage getroffen werden. Es handelt sich dabei nämlich um einen isolierten, sich langsam abkühlenden Halbkörper, für den das Stefan-Boltzmann Gesetz gar keine Lösung anbietet.

Endergebnis dieser Betrachtung: Der konventionelle Ansatz für die Schwarzkörpertemperatur der Erde ist falsch, weil die Nachtseite der Erde in diese Berechnung eingeht und damit der im Stefan-Boltzmann Gesetz streng geforderte thermische Gleichgewichtszustand zwischen eingestrahlter und abgestrahlter Energiemenge verletzt wird.

Das Stefan-Boltzmann Gesetz ist keine Rechenanweisung, um aus jeder beliebigen Strahlungsmenge irgendeine Temperatur oder umgekehrt aus jeder beliebigen Temperatur irgendeine Strahlungsmenge zu errechnen. Das Gleichheitszeichen im S-B Gesetz steht vielmehr für ein ganz bestimmtes Verhältnis von Strahlung und Temperatur, nämlich für ein stabiles thermisches Gleichgewicht. Und erst in einem solchen thermischen Gleichgewichtsfall ergibt sich dann die im S-B Gesetz vorgegebene Relation zwischen einer bestimmten Strahlungsmenge und der vierten Potenz der Temperatur.

ERGO: Der konventionelle Ansatz für die Schwarzkörpertemperatur der Erde ist hiermit durch einen schlüssigen physikalischen Gegenbeweis widerlegt worden und damit auch der dadurch definierte „natürliche atmosphärische Treibhauseffekt".

Das hier vorgestellte Halbkugelmodell kann die gemessene Durchschnittstemperatur der Erde allein aus der Sonneneinstrahlung auf der Tagseite der Erde erklären. Ein „atmosphärischer Treibhauseffekt", der zudem noch den Gesetzen der Thermodynamik widersprechen würde, ist hierfür nicht notwendig. **ABER:** Das hier vorgestellte Halbkugelmodell ist eine neue Hypothese zur Ermittlung der Schwarzkörpertemperatur unserer Erde, die, wie gezeigt worden ist, den physikalischen Gegebenheiten auf der Tagseite der Erde genügt. Ebenso, wie die hier gerade widerlegte konventionelle Stefan-Boltzmann Schwarzkörperberechnung, kann auch diese Hypothese jederzeit mit einem einzigen Gegenbeweis widerlegt werden; ein solcher Gegenbeweis liegt bisher nicht vor.

Anmerkung zu dieser Zusammenfassung: Der exakte Lösungsweg für dieses Problem kommt zum selben Ergebnis, beschreibt aber einen Zweischichtfall für Atmosphäre und Erdoberfläche und wird im oben zitierten Originalartikel ausführlich hergeleitet. Es wird an dieser Stelle betont, dass es sich hier um eine wissenschaftliche Auseinandersetzung mit dem konventionellen Ansatz zur Berechnung der S-B Schwarzkörpertemperatur unserer Erde handelt, was durch eine Fehlanwendung des S-B Gesetzes auf die gesamte Erdoberfläche zur Konstruktion eines sogenannten „natürlichen atmosphärischen Treibhauseffektes" geführt hatte.

Eingestellt auf KalteSonne:
http://kaltesonne.de/wp-content/uploads/2017/01/treibhauseffekt.pdf

Widerlegung des atmosphärischen Treibhauseffektes II:

Über einen vergeblichen Versuch, unsere Welt vor der Dekarbonisierung zu retten

Ein Warnhinweis vorweg: Wenn Sie Anhänger der Klimareligion sein sollten, könnte der nachfolgende Artikel bei Ihnen zu schweren Beeinträchtigungen bis hin zur Schnappatmung führen.

Jede wissenschaftliche Theorie und jedes wissenschaftliche Theorem kann durch einen einzigen schlüssigen Gegenbeweis widerlegt werden. Und jetzt stellen Sie sich einmal vor, sie hätten einen ganz eklatanten Widerspruch in einer wichtigen physikalischen Berechnung entdeckt, der die Welt, so wie sie uns erklärt wird, nachhaltig verändern würde - oder besser ausgedrückt, Sie glauben entdeckt zu haben, dass es gar nicht notwendig wäre, unsere Welt durch eine Dekarbonisierung bis zum Jahre 2100 vor einer menschengemachten Klimakatastrophe zu retten.

Denn der langfristige Blick in unsere Zukunft wird überschattet von der im Pariser Klimaabkommen vereinbarten Großen Transformation (33) durch eine globale planwirtschaftliche Dekarbonisierung der Welt bis zum Jahre 2100. Mit einer solchen globalen „Energiewende" hin zu „erneuerbaren Energien" will die Weltgemeinschaft einer befürchteten „Selbstverbrennung" (34) unserer Erde entgegenwirken.

Aber ganz so einfach ist das nun auch wieder nicht mit der Weltrettung, denn dazu müsste man ja nicht nur eine sehr mutige wissenschaftliche Vereinigung finden, die ein solches Papier überhaupt zur Diskussion stellt, sondern diese Erkenntnis auch noch einer interessierten Öffentlichkeit zugänglich machen. Man müsste also kritische Meinungsmultiplikatoren davon überzeugen, diese Erkenntnis einer öffentlichen Diskussion zuzuführen. Aber das ist in einer Zeit von „Fake-News" natürlich immens schwierig, wenn man keine zitierfähigen wissenschaftlich überprüften Ergebnisse zur Stützung dieser neuen Erkenntnis vorweisen kann. Naja, vielleicht können die's dort ja einfach nicht glauben, nachdem sie jahrzehntelang gegen den Klimaalarm angekämpft haben. Der Autor selbst muss sich ja auch immer wieder mal davon überzeugen, dass er seine Argumentationskette wirklich korrekt hergeleitet hat. Offenbar ist es für uns

Menschen sehr schwierig einfach loszulassen, wenn wir irgendetwas erst einmal richtig verstanden zu haben glauben...

Über Einsteins Relativitätstheorie sagt man ja, es habe einstmals bei ihrer Veröffentlichung weltweit keine Handvoll Physiker gegeben, die sie spontan verstanden hätten. Da wäre also ein sogenanntes Peer-Review zur Überprüfung dieser Theorie völlig sinnlos oder als Voraussetzung für eine Veröffentlichung sogar kontraproduktiv gewesen. Bei der oben erwähnten Entdeckung ist es dagegen sehr viel einfacher, weil es eben nicht um ganz neue Physik geht, sondern lediglich um die korrekte Umsetzung eines bereits bekannten und allgemein anerkannten physikalischen Gesetzes. Und deshalb müsste es weltweit auch einige hunderttausend Menschen mit universitärer Ausbildung in Physik geben, die eine solche Fehlanwendung des Stefan-Boltzmann Gesetzes Kraft ihrer eigenen physikalischen Kenntnisse beurteilen können müssten - also schaunmermal, ob die nachfolgende Argumentation am Ende vielleicht doch noch irgendjemanden überzeugen kann:

Der angebliche Treibhauseffekt unserer Atmosphäre ist das Ergebnis einer unzulässigen Verknüpfung eines Durchschnittswertes aus der globalen Energiebilanz mit dem Stefan-Boltzmann Gesetz aus der Physik, das aber wiederum für die Berechnung der sogenannten Schwarzkörpertemperatur zwingend einen stabilen thermischen Gleichgewichtszustand fordert.

Die vorgeblich vom Menschen verursachte „Globale Erwärmung" basiert auf einer Verstärkung des atmosphärischen Treibhauseffektes durch den vom Menschen verursachten CO_2-Aussoß, Zitat zum Treibhauseffekt aus Wikipedia (35), dort unter „Energiebilanz", mit eigenen Hervorhebungen:

> *„... Sogenannte **Energiebilanzen** werden mit einem Mittelwert der Einstrahlung auf die Erdoberfläche gerechnet: Die Erde erhält Solarstrahlung auf der Fläche des **Erdquerschnitts πR^2** und hat eine **Oberfläche von $4\pi R^2$**. Diese beiden Flächen haben ein **Verhältnis von 1:4**. Das heißt, wenn 1365,2 W/m² auf die Erde einstrahlen und in Erd-Oberflächentemperatur umgesetzt würden, könnte die Erdoberfläche **durchschnittlich 341,3 W/m²** auch wieder abstrahlen.*
>
> *...Würde der Erdboden nur von einer Strahlung in Höhe von 239 W/m² bestrahlt, so würde die Erdoberfläche im Mittel eine Temperatur von*

etwa -18 °C annehmen, wenn sich die Wärme gleichmäßig über die Erde verteilen würde.

*...Aber es gibt eine weitere Bestrahlung durch die aufgeheizten Treibhausgase mit 333 W/m², die so genannte atmosphärische Gegenstrahlung. Damit absorbiert die Erdoberfläche insgesamt 161 W/m²+333 W/m²=494 W/m² – und die werden bei der **tatsächlichen mittleren Erdoberflächentemperatur von +14 °C** auf mehreren Wegen abgegeben..."*

Ein „atmosphärischer Treibhauseffekt" als ein Prozess zusätzlicher thermischer Aufheizung unserer Erde um etwa 33 Grad aus sich selbst heraus mittels einer vorgeblichen „atmosphärischen Gegenstrahlung" steht aber in völligem Widerspruch zu den Gesetzen der Thermodynamik, nach denen jegliche Art von Energieerzeugung aus dem Nichts (Perpetuum Mobile) unmöglich ist.

Dazu ein erklärendes Beispiel: Stellen Sie sich einmal vor, Sie hätten in Ihrem Haus zwei Räume und würden in einem dieser Räume einen Ofen mit einer festen Heizleistung aufstellen, die Tür zwischen beiden Räumen wäre offen. Dann würden Sie berechnen, wie stark dieser Ofen beide Räume gemeinsam - ohne die trennende Wand - erwärmen könnte und in dem erwärmten Raum nachmessen.

Die Differenz zwischen der im geheizten Raum gemessenen höheren Temperatur und der niedrigeren theoretischen Temperatur für beide Räume würden Sie dann als „Treibraumeffekt" bezeichnen und Ihrem Ofen eine zusätzliche Heizleistung zusprechen.

In ganz ähnlicher Weise wird der „natürliche Treibhauseffekt" unserer Erde berechnet. Bei der konventionellen Herleitung des Treibhauseffektes aus dem Stefan-Boltzmann Gesetz werden nämlich gleich zwei gravierende Fehler gemacht, wie im Vergleich mit dem obigen Zitat aus Wikipedia zur Erklärung des Treibhauseffektes sofort deutlich wird:

- Erstens wird die einfallende Sonneneinstrahlung im Stefan-Boltzmann Gesetz rechnerisch auf eine **doppelt so große Fläche** verteilt (gesamte Erdoberfläche = $4\pi R^2$), als die tatsächliche aktive Fläche beträgt, auf der die Sonne temperaturwirksam ist (Tagseite der Erde = $2\pi R^2$). Dadurch wird dann die Schwarzkörpertemperatur der Erde nur aus der **halben spezifischen Energieeinstrahlung** (also aus ¼ anstelle von tatsächlich ½ der Solarkonstanten) berechnet, woraus sich dann zwangsläufig **eine viel zu niedrige Schwarzkörpertemperatur** ergibt.

- Zweitens wird bei diesem Ansatz der **im Stefan-Boltzmann Gesetz zwingend geforderte thermische Gleichgewichtszustand** zwischen Einstrahlung und Abstrahlung durch die Einbeziehung der sich ständig abkühlenden **Nachtseite der Erde** verletzt. Man rechnet dort nämlich einfach mit dem Mittelwert aus der oben zitierten Energiebilanz für die ganze Erde.

Dieser konventionelle Ansatz für die Schwarzkörperberechnung unserer Erde unter Einschluss der Nachtseite wäre aber nur dann richtig, wenn es zwei Sonnen mit der halben Strahlungsleistung unserer Sonne gäbe, die jeweils eine Hälfte der Erde beleuchten würden - allerdings wüssten wir dann wiederum nicht, wie hoch in diesem Fall die tatsächlich gemessene Durchschnittstemperatur der Erde wäre.

Anmerkung: Hier stellt sich übrigens spontan die Frage, wie denn eigentlich die Sonneneinstrahlung in den aktuellen Klimamodellen behandelt wird, lediglich als ein globaler Durchschnittswert oder mit dem tatsächlichen Wechsel von Tag und Nacht?

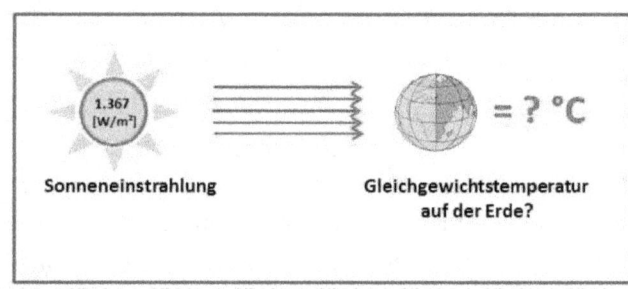

Bei unserer halbseitig von der Sonne erwärmten Erde kann man nun aber im Gegenteil nicht ernsthaft behaupten, dass an jedem beliebigen Ort ein einheitliches Temperaturgleichgewicht herrscht, denn die Nachtseite der Erde kühlt sich ja ständig ab. Wir können also an jedem beliebigen Ort der Erde unterschiedliche Tag- und Nachttemperaturen messen. Damit stellt sich die Frage, welche gemessene Temperatur wir dann als Vergleich zur berechneten Schwarzkörpertemperatur heranziehen sollen, die Tag- oder die Nachttemperatur oder eine willkürliche Kombination aus beiden – und wenn ja, welche?

Auf diese Frage gibt das Stefan-Boltzmann Gesetz aber gar keine Antwort.

Bei einem halbseitig beleuchteten Körper wie der Erde darf man vielmehr wegen des im Stefan-Boltzmann Gesetz zwingend vorgegebenen thermischen Gleichgewichts die unbeleuchtete Nachtseite gar nicht in die Berechnung der theoretischen Schwarzkörpertemperatur einbeziehen. Denn die Randbedingungen dieses Gesetzes schreiben ausdrücklich einen stabilen Gleichgewichtszustand zwischen eingestrahlter und abgestrahlter Energiemenge vor. Oder anders ausgedrückt, das Stefan-Boltzmann Gesetz ist trotz seiner mathematischen Formulierung eben keine beliebige Gleichung, sondern ein physikalisches Gesetz, das einen strengen Gleichgewichtszustand beschreibt. Man darf es also nicht als platte Rechenanweisung verstehen, um aus jeder beliebig gemittelten Strahlungsmenge irgendeine Temperatur oder umgekehrt aus jeder beliebig gemittelten Temperatur irgendeine Strahlungsmenge zu errechnen.

Vielmehr steht das Gleichheitszeichen im S-B Gesetz als zwingende Bedingung für ein ganz bestimmtes Verhältnis von Strahlung und Temperatur, nämlich für ein stabiles thermisches Gleichgewicht. Man muss dieses Gleichheitszeichen im Stefan-Boltzmann Gesetz also so verstehen, dass sich erst in einem solchen thermischen Gleichgewichtsfall die dort in Form einer Gleichung vorgegebene Relation zwischen Strahlungsmenge und Temperatur einstellt.

Anmerkung: Wenn Sie diese Aussage nicht glauben wollen, dann suchen Sie im Internet doch bitte einmal nach einer „Stefan-Boltzmann Gleichung". Sie werden dann in ungefähr 0,22 Sekunden 11.600 Ergebnisse ausschließlich für das Stefan-Boltzmann-Gesetz erhalten; denn eine „Stefan-Boltzmann Gleichung" gibt es nicht...

Wenn also die Schwarzkörpertemperatur unserer Erde bisher tatsächlich falsch berechnet worden sein sollte und damit der atmosphärische Treibhauseffekt lediglich auf einen Rechenfehler zurückzuführen wäre (hier (36) ab Seite 19), dann hätte das natürlich ganz unmittelbare Konsequenzen für den globalen Klimaalarm:

- o Kohlenstoffdioxid (CO_2) wäre plötzlich gar nicht mehr der böse Klimakiller, zu dem es in den vergangenen Jahrzehnten panikheischend aufgebaut worden ist, sondern würde wieder zur Quelle alles Lebens auf unserer Erde.

- Der Plan für die „Dekarbonisierung" unserer Welt bis zum Jahre 2100 um jeden Preis wäre hinfällig geworden. Und somit bräche die gesamte Klimareligion zusammen und damit auch die Sinnfälligkeit für Ablasszahlungen nach dem „Erneuerbare Energien Gesetz" (EEG).
- Die sogenannte „Energiewende" mit zwei voneinander unabhängigen Erzeugungssystemen für elektrischen Strom, nämlich konventionelle und „erneuerbare" Stromerzeugung parallel nebeneinander, würde als das entlarvt, was sie tatsächlich ist, nämlich vom Standpunkt der Wirtschaftlichkeit, Nachhaltigkeit und Ressourcenschonung ein völliger Irrwitz.

Ohne einen atmosphärischen Treibhauseffekt stünden also plötzlich all die politischen, wissenschaftlichen und wirtschaftlichen Profiteure der vorgeblich vom Menschen verursachten Klimakatastrophe vor dem argumentativen Nichts, das EEG wäre eine völlig unnütze Verschwendung von wertvollen Ressourcen und eine Dekarbonisierung der Welt wäre absolut unnötig geworden.

Veröffentlicht auf:

Tichys Einblick: http://www.tichyseinblick.de/meinungen/ueber-einen-vergeblichen-versuch-unsere-welt-vor-der-dekarbonisierung-zu-retten/

EIKE: https://www.eike-klima-energie.eu/2017/01/23/ueber-einen-vergeblichen-versuch-unsere-welt-vor-der-dekarbonisierung-zu-retten/

Widerlegung des atmosphärischen Treibhauseffektes III:

Hat er oder hat er nicht: Wer im Treibhaus sitzt...

Zu den Reaktionen auf meinen TE-Artikel „Über einen vergeblichen Versuch, unsere Welt vor der Dekarbonisierung zu retten"

Zunächst einmal bedanke ich mich bei allen Kommentatoren für die lebhafte Diskussion hier auf TE über meinen Artikel (37) zum natürlichen Treibhauseffekt unserer Atmosphäre. Nachfolgend finden Sie eine Zusammenfassung, in der ich auf sachliche Fragestellungen und kritische Anmerkungen zu meinem Text eingehe. Zusätzlich erlaube ich mir einige weiterführende Anmerkungen.

Einleitend ist hervorzuheben, dass es sich bei meinem Artikel um eine wissenschaftliche Auseinandersetzung mit dem konventionellen Ansatz zur Berechnung der Schwarzkörpertemperatur unserer Erde nach dem Stefan-Boltzmann Gesetz handelt - nicht mehr, aber auch nicht weniger. Die einzige sachdienliche Kritik an meinen Ausführungen, die ich überhaupt erhalten hatte, bestand bisher in einem Verweis auf die Veröffentlichung *„Falsifizierung der atmosphärischen CO_2 – Treibhauseffekte im Rahmen der Physik"* von Gerhard Gerlich und Ralf D. Tscheuschner, hier (38) die deutsche Übersetzung. Dort wird aber lediglich darauf hingewiesen dass die Stefan-Boltzmann Konstante σ von der Geometrie des betrachteten Problems abhängig sei und dass das T^4-Gesetz bei einer Integration über ein gefiltertes Spektrum nicht mehr gelte. Und daher scheitern schon einmal alle Kritiker, die meine Arbeit in diesen oder einen anderen Kontext zu stellen suchen genau daran, dass sich eine solche Argumentation natürlich ebenso gegen die herkömmliche, und meines Erachtens nach falsche, Herleitung des Treibhauseffektes aus der S-B Schwarzkörperberechnung für unsere Erde richten muss.

Die in meinem zugrundeliegenden wissenschaftlichen Artikel nachgewiesene fehlerhafte Anwendung des S-B Gesetzes auf die gesamte Erdoberfläche führt fälschlicherweise zur Konstruktion eines sogenannten „natürlichen atmosphärischen Treibhauseffektes". Dieser Treibhauseffekt stellt praktisch ein fiktives Sekundärphänomen im Umfang von 155 W/m² dar, mit dem die ursprüngliche Fehlberechnung der theoretischen globalen Durchschnittstemperatur von -19° Celsius künstlich an die Realität der Temperaturmessungen mit +14° Celsius angepasst wird. Zwischenzeitlich wurde diese Herleitung durch eine „Gegenstrahlung" mit denselben Eckwerten verdrängt und scheint selbst in Vergessenheit geraten zu sein.

Auf Tichys Einblick war ein paar Tage nach meinem Artikel die Gegendarstellung (39) eines Herrn Dr. Heller erschienen, in der dieser den Treibhauseffekt auf herkömmliche Weise mit einer atmosphärischen Gegenstrahlung zu erklären suchte und sich dann nicht etwa, seinem Titel gemäß, wissenschaftlich mit der konträren Herleitung für die Schwarzkörperberechnung der Erde auseinandergesetzt hatte, sondern sich stattdessen lediglich spekulativ über die wissenschaftliche Kompetenz des Autors ausließ.

Der aktuelle Stand der Auseinandersetzung über den Treibhauseffekt ist also folgender:

Konventionelle Herleitung der Schwarzkörpertemperatur mit dem S-B Gesetz aus der globalen Energiebilanz der Erde für die Kugeloberfläche:
(Solarkonstante/4) => netto 235 W/m² => -19° Celsius + Treibhauseffekt

Alternative Herleitung Weber mit dem S-B Gesetz und einer Halbkugelbetrachtung für die Erde:
(Solarkonstante/2) => netto 390 W/m² => +14,8°Celsius

Ich möchte hier ausdrücklich darauf hinweisen, dass meine Ausführungen zur Fehlberechnung des atmosphärischen Treibhauseffektes aus dem Stefan-Boltzmann Gesetz selbstverständlich jederzeit wissenschaftlich widerlegt werden können:

Wenn also wissenschaftlich eindeutig nachgewiesen wird, dass die Gleichsetzung der Energiebilanz unserer Erde (Fläche einer Kugel) mit der strengen thermischen Gleichgewichtsforderung des Stefan-Boltzmann Gesetzes für die bestrahlte Fläche (Halbkugel) physikalisch korrekt ist, dann bin ich tatsächlich widerlegt.

Mein englischsprachiger Originalartikel aus den Mitteilungen der Deutschen Geophysikalischen Gesellschaft Nr. 2016/3 mit dem Titel „A Short Note about the Natural Greenhouse Effect" und einer ausführlichen rechnerischen Herleitung war bereits im TE-Artikel verlinkt und ist hier (40) ab Seite 19 zu finden.

Und eine vereinfachende Kurzfassung in deutscher Sprache wurde inzwischen hier (41) eingestellt.

Und jetzt endlich zu den Kommentaren meiner TE-Leser. Eine wesentliche Frage in den Kommentaren zu meinem Artikel lautete: Warum ist die Fehlanwendung des Stefan-Boltzmann Gesetzes bei der Herleitung des atmosphärischen Treibhauseffektes eigentlich bisher nicht aufgefallen?

Das ist tatsächlich völlig unverständlich. Es gibt nämlich weltweit einige hunderttausend Menschen, die während ihrer universitären Ausbildung das Stefan-Boltzmann Experiment selbst durchgeführt hatten. Nachdem aber der Treibhauseffekt einmal in der Welt war, hatte er sich schnell als Universalgrundlage für die menschliche Schuld am Klimawandel etabliert; ein einfacher Plausibilitätscheck über das S-B Gesetz reicht ja vordergründig zu seiner Bestätigung aus. Und eigentlich beschränkt sich das Ergebnis dieser Fehlberechnung schließlich auf die „Tatsache" einer theoretischen Schwarzkörpertemperatur unserer Erde von -19 Grad Celsius. Ausgehend von diesem sich verselbständigten Wert ließ sich der „Spielraum" von 33 Grad zwischen gemessener und berechneter Durchschnittstemperatur dann mit diversen angsteinflößenden Szenarien füllen. Die Kritik am atmosphärischen Treibhauseffekt hatte sich in der Folge auf Argumente seitens sogenannter „Klimaleugner" gegen genau solche Hilfskonstrukte beschränkt. Die zugrundeliegende Fehlberechnung selbst war m. W. niemals angegriffen worden.

Der geschilderte Verlauf ist in etwa vergleichbar mit dem weltweit verbreiteten Aberglauben an eine anormale Klimaerwärmung seit Beginn der Industrialisierung durch den anthropogenen CO_2-Ausstoß, obwohl der Bezugswert (42) für die angebliche „Normaltemperatur unseres Klimas" ganz klar und für jeden deutlich erkennbar noch in der historisch belegten „Kleinen Eiszeit" liegt – und auch hier sind die einzigen Kritiker wieder sogenannte „Klimaleugner"…

Ich selbst hatte den atmosphärischen Treibhauseffekt aufgrund seiner Widersprüche mit den Gesetzen der Thermodynamik nie abschließend verstanden, aber trotzdem mehr als vierzig Jahre dafür gebraucht, seinen grundlegenden Fehler zu realisieren. Erst eine Versuchsbeschreibung für das längst vergessene Stefan-Boltzmann Experiment, in der es hieß, **der Eintritt des Strahlungsgleichgewichtes sei vor der Messung abzuwarten**, brachte mich dann auf die Spur. So entstand schließlich mein wissenschaftliches Manuskript „A Short Note about the Natural Greenhouse Effect".

Aber wie geht man nun persönlich mit einer solchen Erkenntnis um, mit der man sich als Einzelner ja gegen den aktuellen wissenschaftlichen Mainstream stellt; geht man damit aktiv in die Öffentlichkeit oder hat man am Ende doch die verständliche Angst, sich einer vorhersehbaren massiven Diffamierungskampagne zu stellen - oder sich mit einem solchen Alleingang bis auf die Knochen zu blamieren, wenn dieses konträre Ergebnis dann doch widerlegt werden sollte? Überhaupt den Mut gefasst zu haben, mit dieser Erkenntnis an die Öffentlichkeit zu gehen, verdanke ich dem Geologen und Hochschullehrer Professor Eckart Walger. In den Colloquien und Diskussionen in den 1970-er Jahren an der CAU zu Kiel über neue geowissenschaftliche Forschungsergebnisse war er derjenige gewesen, der regelmäßig die ganz einfachen Fragen gestellt hatte. Es waren jene ganz offensichtlichen Fragen, die wir Studenten uns gar nicht erst zu stellen getraut hatten - und für gewöhnlich konnten diese Fragen dann nicht beantwortet werden. Ohne dieses frühe und fundamentale Erlebnis von kritischer Wissenschaft hätte ich mich sicherlich nicht getraut, eine Veröffentlichung meines Artikels anzustreben.

Eine Veröffentlichung anstreben – damit ist dann auch gleich den nächste Knackpunkt definiert. Wer veröffentlicht denn eigentlich in der heutigen Zeit noch einen häretischen Artikel gegen den herrschenden wissenschaftlichen Mainstream?
Ich bedanke mich deshalb an dieser Stelle ausdrücklich bei meiner wissenschaftlichen Vereinigung, der Deutschen Geophysikalischen Gesellschaft, für den ungebrochenen wissenschaftlichen Geist, mit dem die DGG-Redaktion meinen kritischen Artikel über den Treibhauseffekt in ihren „Mitteilungen" zur Diskussion gestellt hat.
Und, last but not least, bedanke ich mich bei Tichys Einblick für die Gelegenheit, dort über diesen Artikel berichtet haben zu dürfen, obwohl - oder gerade weil - dessen Tragweite offenbar sofort klar gewesen ist.

Zum generellen Verständnis meines Artikels - Stichwort „Denkfalle": Der konventionelle Ansatz für den atmosphärischen Treibhauseffekt resultiert aus der durchschnittlichen Energiebilanz für die gesamte Erde. Dieser zusammenfassend berechnete gemeinsame Mittelwert für die Tag- und Nachtseite der Erde wird dann mit dem Stefan-Boltzmann Gesetz in eine Schwarzkörpertemperatur „umgerechnet". Ein entsprechendes Beispiel für diese Art der konventionellen Berechnung des Treibhauseffekts finden Sie **hier** (43).

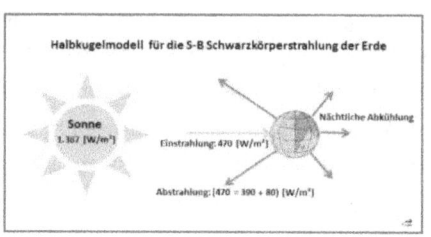

Das S-B Gesetz ist nun aber keine Gleichung, sondern beschreibt mit der dort lediglich in Form einer Gleichung angegebenen Relation zwischen Strahlung und Temperatur vielmehr ausschließlich die Situation in einem thermischen Gleichgewichtszustand. Und genau dieses zwingend vorgegebene thermische Gleichgewicht wird bei der konventionellen Herleitung des Treibhauseffektes durch die Einbeziehung der Nachtseite unserer Erde verletzt. Die „Denkfalle" im konventionellen Ansatz für den Treibhauseffekt besteht also darin, dass die Energiebilanz der Erde als ein rechnerischer Durchschnittswert, der über die gesamte Tag- und Nachtseite der Erde gemittelt wird, auf eine physikalische Beziehung angewendet wird, die lediglich in einem thermischen Gleichgewichtszustand auf der Tagseite existiert.

Zum Kohlenstoffdioxid (CO_2) als „natürlicher Klimaantrieb" – Stichwort „zusätzliches Energieaufkommen durch CO_2": Kohlenstoffdioxid (CO_2) ist kein Produzent thermischer Energie aus sich selbst heraus, wie es die Darstellungen des IPCC nahelegen, indem CO_2 dort fälschlicher Weise eine direkte thermische Wirkung in [W/m²] zugemessen wird. Vielmehr handelt es sich bei CO_2, wie beispielsweise auch bei Wasserdampf und Me-

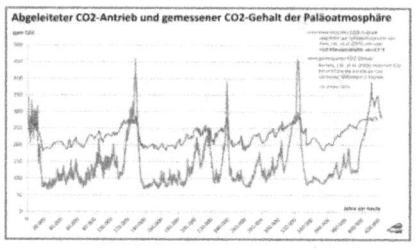

than, um ein Infrarot-aktives Gas. Solche IR-aktiven Moleküle nehmen infrarote Strahlung passiv auf, erhöhen damit zeitweilig ihr eigenes Energieniveau und geben diese Energie dann aktiv wieder an die Umgebung ab. In Summe wird also die infrarote Abstrahlung der Erdoberfläche ins Weltall durch diese IR-aktiven Gase letztlich lediglich verzögert. Dadurch mag sich vielleicht der Temperaturgradient in der Atmosphäre verändern, aber zusätzliche Energie im Umfang von 155 [W/m²], wie der konventionelle Ansatz für den Treibhauseffekt mit einer

„Gegenstrahlung" postuliert, kann dort definitiv nicht erzeugt werden. Aber selbst unter den alarmistischen Annahmen des IPCC bleibt die Klimasensitivität von CO_2 deutlich unter 1,0° C pro Verdoppelung seines atmosphärischen Anteils, wie in den nachfolgend verlinkten Artikeln dargelegt wird.

Weiterführende Informationen zu CO_2: Der zugrunde liegende Originalartikel ist unter dem Titel "About the Natural Climate Driver" in den Mitteilungen Nr. 2016/2 der Deutschen Geophysikalischen Gesellschaft erschienen, hier (44) ab Seite 9.

Der natürliche Klimaantrieb – zu den Stichworten „Grauer Körper" und „Albedo der Erde": Zumindest rein rechnerisch lässt sich nachweisen, dass die Schwankungen der Sonneneinstrahlung durch die Zyklen der Erdumlaufbahn um die Sonne (Milanković-Zyklen) als alleiniger 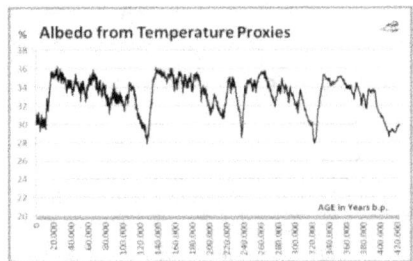 Klimamotor für unsere Erde ausreichen. Dabei würde dann die klimawirksame Sonneneinstrahlung durch eine schwankende Eisbedeckung in mittleren geographischen Breiten über die Albedo der Erde „moduliert".

Weiterführende Informationen zum Albedo-Forcing: Der zugrunde liegende Originalartikel ist unter dem Titel " An Albedo Approach to Paleoclimate Cycles" in den Mitteilungen Nr. 2015/3 der Deutschen Geophysikalischen Gesellschaft erschienen, hier (45) ab Seite 18.

Zum aktuellen Stand der Wissenschaft in der Klimaforschung: In den Geowissenschaften der 1970-er Jahre waren die orbitalen Milanković-Zyklen, nämlich

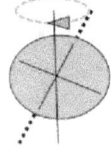
Präzession =Taumelbewegung der „Erdachse" um die Senkrechte (zur Erdbahnebene),

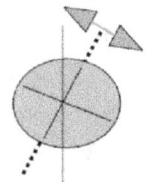
Obliquität = Änderung der Schiefstellung der „Erdachse" und

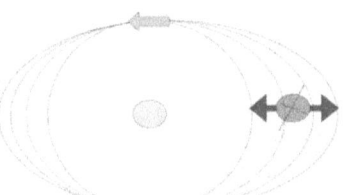

Exzentrizität = Veränderung der Ellipsenform unserer Erdbahn um die Sonne

als Ursache für die paläoklimatischen Veränderungen während der Eiszeitalter geltende Lehrmeinung. Diese Erkenntnis ist in der Klimawissenschaft während der vergangenen Jahrzehnte offenbar „verlorengegangen", ohne jemals widerlegt worden zu sein.

In der Einleitung zu ihrem bahnbrechenden Werk "Die Klimate der geologischen Vorzeit" (Bornträger 1924) als Grundlage dieser geowissenschaftlichen Lehrmeinung schreiben Köppen und Wegener auf Seite 4 (mit meinen Hervorhebungen): „...*Von den zahlreichen sonstigen Hypothesen, die zur Erklärung von Klimaänderungen aufgestellt worden sind, wird daher in diesem Buche nicht die Rede sein. Insbesondere erblicken wir in dem System der fossilen Klimazeugen keinen empirischen Anhalt für die Annahme, daß die von der Sonne ausgehende Strahlung sich im Laufe der Erdgeschichte geändert habe.* **Desgleichen fehlt es an Tatsachen, welche durch Änderung der Durchstrahlbarkeit der Atmosphäre (Arrhenius)** *oder des Weltalls (Nölke)* **zu erklären wären**; ...". Ein Nachdruck dieses Buches von Köppen und Wegener ist bei Schweizerbart (46) erhältlich.

In den vergangenen Jahrzehnten hat sich die Klimawissenschaft in der Ursachenforschung für die Klimagenese unserer Erde offenbar wieder von Köppen und Wegener weg auf den Kenntnisstand von Arrhenius zurückbewegt. Man muss wohl überspitzt feststellen, dass in der modernen Klimaforschung inzwischen der wohlalimentierte populistische Schwanz mit dem wissenschaftlichen Hund wedelt.

In Abgewandelter Form veröffentlicht auf

Tichys Einblick: http://www.tichyseinblick.de/meinungen/von-dekarbonisierung-bis-schwarzkoerpertemperatur/

und EIKE: https://www.eike-klima-energie.eu/2017/02/01/wer-im-treibhaus-sitzt/

Die Treibhausdiskussion auf dem Science Sceptical Blog

5. Februar 2017 | Von Günter Heß | Kategorie: Blog
Wider den Treibhauseffekt!
http://www.science-skeptical.de/blog/wider-den-treibhauseffekt/0015805/

Zitat: *„Auf EIKE sind in letzter Zeit einige interessante Beiträge erschienen die sich mit der Widerlegung des atmosphärischen Treibhauseffektes beschäftigen.*
Zum Einen behauptet der Geophysiker U. Weber hier mit einer interessanten Interpretation des Stephan-Boltzmann Gesetzes den Treibhauseffekt widerlegt zu haben, indem er sich auf eine Hemisphäre beschränkt. Sein Approach C ist hier beschrieben. Eine Gegenrede hat Peter Heller hier *(47) veröffentlicht…"*

Kommentar 9 von B. Bauernhirn 6. Februar 2017 13:14:

> *„Herr Weber hat gezeigt, dass bei der traditionellen, auch vom ICCP anerkannten, Berechnungen des Treibhauseffekt, das Stefan- Boltzmann – Gesetz zu Anwendung kommt. Bei dieser Berechnung wurde das Gesetz aber verletzt, wodurch das Ergebnis zwangsläufig falsch sein muß.*
>
> *Dann demonstriert er noch, wie man hätte rechnen müssen, wenn man schon unbedingt das S-B Gesetz anwenden zu müssen glaubt. Da das S-B Gesetz nur bei gleichzeitiger Ein- und Abstrahlung erfüllt ist, darf man nur die angestrahlte Seite der Erde in der Berechnung erfassen. Die Nachtseite bleibt hier offen, also ungeklärt, Hier ist ein anderer Ansatz erforderlich. Weber macht dazu aber kein Angebot.*
>
> *Erstaunlicherweise ist das Ergebnis dann 14,8" C, was der gemessenen Durschnittstemperatur der Erde sehr nahe kommt. Das wiederum werte ich als Zufall.*
>
> *Die Schlussfolgerung der Weberschen Einlassung heißt: Die traditionelle Methode (19Jh.) der Schwarzkörperberechnung der Erde ist falsch.* **Infolge dessen ist da Ergebnis für den daraus folgenden Treibhauseffekt (33°C) ebenfalls inkorrekt. Q.e.d.!"**

Kommentar 104 von b.bauernhirn 9. Februar 2017 19:06:

„*In den Diskussionen tauche bisher auf:*

7 mal 33 °C

13 x 240 W/m und 1x 235°W/m

22 x -18°C und 3 x -19°

25 x 15°C und 3x 14,8 C

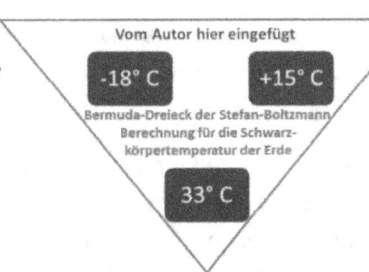

Alles dreht sich demnach um genau diese Zahlen, die in direktem Zusammenhang mit der von Weber beanstandeten Berechnung nach S-B stehen.

Ich habe den Eindruck, daß das was hier geschrieben wurde dazu dienen soll diese Eckdaten immer wieder zu bestätigen. Ich könnte mir auch vorstellen, daß die zitierten Messungen in Ihrer Darstellung nur zum Ziel haben genau diese Lehrmeinung zu festigen, denn es sind diese Zahlen die in vielen Studien zum Thema „Klima" vorherrschen. So schlich sich langsam der Verdacht in meinen Kopf, dass etwas nicht ganz in Ordnung sein könnte, denn manche Darstellungen zur Erklärung des Treibhauseffektes sind in hohem Maße irritierend.

Nun kommt da dieser Herr Weber und behauptet ganz frech: „ Hier ist etwas falsch gelaufen" und er gibt sich selbst zur Steinigung frei. Ich find das sehr mutig.

Was hat er getan: Er beanstandet, dass bei der zur Lehrmeinung aufgestiegenen Berechnung, die die oben erwähnten Zahlen liefert, ein Ansatz gewählt wurde bei dem das S-B Gesetzt nicht erfüllt ist. Ich gebe ihm recht, denn die Bedingungen des strengen Gesetzes werden nur auf der Sonnenseite der Erde erfüllt. Bei der Erklärung des Treibhauseffekts befinden wir uns in einem erbärmlichen Zustand der Stagnation. Es ist geradezu erlösend, wenn einer sich traut darauf hinzuweisen, dass da etwas nicht stimmen könnte."

Anmerkung: Auf diesem Blog hat es beim Stand von inzwischen mehr als 1.000 Kommentaren zu diesem Thema bisher keine physikalisch eindeutige Herleitung für einen atmosphärischen Treibhauseffekt gegeben.

Hier noch ein paar Worte zur Geometrie

In der Diskussion auf verschiedenen Internet-Plattformen ereifern sich einige Kritiker mit vorgeblichen Widerlegungen meines hemisphärischen Ansatzes wegen eines angeblich falschen „Geometriefaktors 2" anstatt „4". Für den interessierten Leser erfolgt daher an dieser Stelle eine Klarstellung: Die Sonneneinstrahlung trifft auf nahezu ebener Front als

Kreisfläche auf die Oberfläche unserer Atmosphäre (TOA) am Lotpunkt der Sonne, und zwar mit der Strahlungsdichte von konstant 1.367 Watt pro Quadratmeter. Wegen der Kugelgestalt unserer Erde ist die Fläche der Tagseite, auf der diese Strahlung dann verteilt wird, doppelt so groß. Und mit dem Abstand vom Lotstrahl der

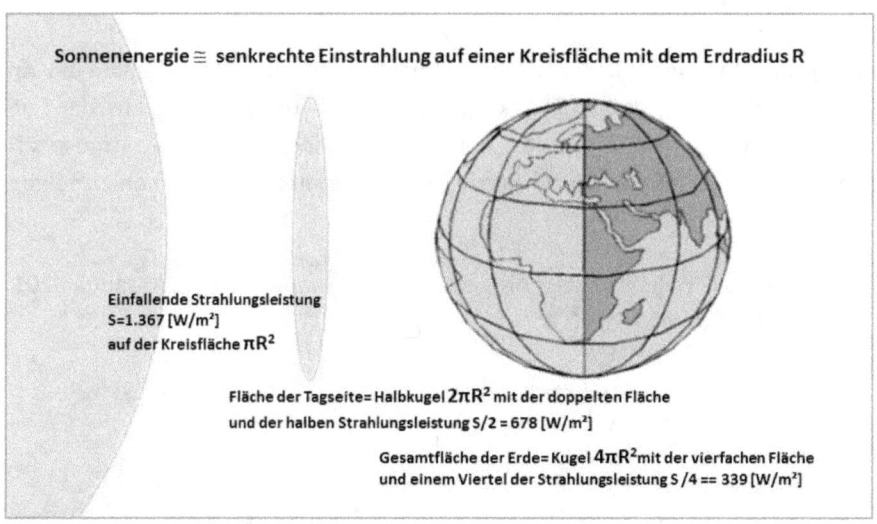

Sonne (zwischen den beiden Wendekreisen) nimmt die Strahlungsdichte jeweils mit dem Cosinus von Länge und Breite ab. Eine einfache Näherung für die Sonneneinstrahlung auf der Tagseite ist daher ihre halbe Strahlungsleistung. Der sogenannte „Geometriefaktor" gibt also eigentlich nur an, auf welcher Fläche wir die Strahlungsverteilung betrachten wollen, auf einer Kreisfläche (πR^2), einer Halbkugel ($2\pi R^2$) oder einer Kugel ($4\pi R^2$).
Erstaunlich ist, dass vorgebliche Experten sich so weit von der herkömmlichen Herleitung des atmosphärischen Treibhauseffektes mittels des Stefan-Boltzmann-Gesetzes entfernt haben, dass sie die hier zugrunde liegenden geometrischen Verhältnisse gar nicht mehr wahrnehmen können...

Widerlegung des atmosphärischen Treibhauseffektes IV:

Nachdem sich der Rauch verzogen hat: Stefan-Boltzmann auf den Punkt gebracht

Wenn wir einmal draußen bei hellem Sonnenlicht mit einem Vergrößerungsglas auf eine Zeitung fokussieren, erkennen wir sofort den Unterschied zwischen einer durchschnittlichen Energiebilanz für die gesamte Zeitung und dem Strahlungsgleichgewicht auf der mit der Lupe fokussierten Fläche:

Bei einer Betrachtung mit der durchschnittlichen Energiebilanz dürfte mit der Zeitung nämlich gar nichts passieren, tatsächlich aber fängt die Zeitung im Strahlungsgleichgewicht des Brennpunktes sofort an zu qualmen. Die Temperatur im Brennpunkt lässt sich mit einer Energiebilanz für die ganze Zeitung also nicht erklären.

Hintergrund für diese Betrachtung: Der hemisphärische Stefan-Boltzmann Ansatz zur Berechnung der Schwarzkörpertemperatur unserer Erde aus der Sonneneinstrahlung auf der Tagseite, der zu einer Widerlegung des „atmosphärischen Treibhauseffektes" führt, wurde in den Kommentarfunktionen zu folgenden Artikeln diskutiert:

> **Tichys Einblick** zu den Artikeln vom 19. Januar 2017, 24. Januar 2017 und 29. Januar 2017,
>
> http://www.tichyseinblick.de/meinungen/ueber-einen-vergeblichen-versuch-unsere-welt-vor-der-dekarbonisierung-zu-retten/
>
> Gegendarstellung von einem Dr. Heller:
> http://www.tichyseinblick.de/kolumnen/lichtblicke-kolumnen/ueber-einen-vergeblichen-versuch-den-treibhauseffekt-zu-widerlegen/
>
> http://www.tichyseinblick.de/meinungen/von-dekarbonisierung-bis-schwarzkoerpertemperatur/
>
> **EIKE, Europäisches Institut für Klima & Energie** zu den Artikeln vom 23. Januar 2017 und 1. Februar 2017:

https://www.eike-klima-energie.eu/2017/01/23/ueber-einen-vergeblichen-versuch-unsere-welt-vor-der-dekarbonisierung-zu-retten/

https://www.eike-klima-energie.eu/2017/02/01/wer-im-treibhaus-sitzt/

und auf dem **ScienceScepticalBlog** mit dem Diskussionsaufruf vom 5. Februar 2017:

http://www.science-skeptical.de/blog/wider-den-treibhauseffekt/0015805/#comments

In den Kommentaren stellt sich die Argumentation für einen atmosphärischen Treibhauseffekt als ein sich selbst beweisender Zirkelbezug auf die konventionelle Herleitung der Stefan-Boltzmann Schwarzkörpertemperatur unserer Erde über die globale Energiebilanz mit -18 Grad Celsius dar. Dieser „atmosphärische Treibhauseffekt" mag einstmals als Hypothese aus einem Erklärungsnotstand für die Temperaturdifferenz von 33 Grad Celsius zur gemessenen Durchschnittstemperatur an der Erdoberfläche von +14,8 Grad Celsius (NST=Near Surface Temperatur) geboren worden sein und sich dann später als „atmosphärische Gegenstrahlung" verselbständigt haben. Der absolute Argumentations-GAU ist aber die gerne zitierte Herleitung einer „atmosphärischen Gegenstrahlung" mittels Schwarzschild-Gleichung und Strahlungstransfergleichungen, in der die sogenannte „Gleichgewichts-Temperatur" von 255° Kelvin (=−18° Celsius) für das System Erde-Atmosphäre dann ausgerechnet wieder aus der konventionellen S-B Berechnung für die Schwarzkörpertemperatur der Erde über die global gemittelten Energiebilanz hergeleitet wird (hier (48) unter 4.11.1)…

Erstaunlicherweise bedienen sich auch ausgewiesene Klimarealisten des hinlänglich bekannten „Leugnerwiderlegungsschemas" für unliebsame Gegenargumente zur eigenen These, denn eine „Widerlegung" meiner Hemisphären-Betrachtung läuft genau nach dem nachstehend beschriebenen Schema (1) bis (3) ab, und zwar einzeln oder in beliebiger Kombination:

(1) Wiederholung der eigenen These.

(2) Grundsätzliche Ablehnung der neuen These mit vordergründigen Sophismen.

(3) Persönliche Diffamierung des Autors.

Bemerkenswert ist aber, dass die Eckdaten (-18°C „Normaltemperatur" der Erde und 33° Temperatureffekt) der „atmosphärischen Gegenstrahlung" für einen „atmosphärischen Treibhauseffekt" immer auf das Ergebnis der konventionellen S-B Berechnung für die Schwarzkörpertemperatur der Erde (-18°C) und deren Differenz (33°) zur gemessenen globalen Durchschnittstemperatur (+14°C) zurückgeführt werden können. Alle diesbezüglichen Argumente müssen also als Rekursion auf diesen konventionellen S-B Ansatz für die Schwarzkörpertemperatur unserer Erde aus der globalen Energiebilanz verstanden werden. Bei einem durchschnittlichen Wärmefluss von etwa 0,07 W/m² aus dem Erdinneren läge die tatsächliche „natürliche" Temperatur unserer Erde ohne Sonneneinstrahlung übrigens bei ungefähr −240 Grad Celsius...

Wir haben es hier also mit zwei ganz unterschiedlichen Herleitungen für die Schwarzkörpertemperatur unserer Erde über das Stefan-Boltzmann Gesetz zu tun, und zwar einerseits über eine durchschnittliche Energiebilanz für die gesamte Erde und andererseits über ein Strahlungsgleichgewicht auf der tatsächlich bestrahlten Fläche, also der Tagseite der Erde - oder anders ausgedrückt:

Die konventionelle Herleitung der Schwarzkörpertemperatur berechnet sich mit dem S-B Gesetz aus der globalen Energiebilanz der Erde für die gesamte Kugeloberfläche:
(Solarkonstante/4) => 235 W/m² => -18° Celsius + Treibhauseffekt

Die alternative Herleitung (Weber) berechnet sich mit dem Strahlungsgleichgewicht des S-B Gesetzes für eine Halbkugelbetrachtung in einem Zweischichtfall für Atmosphäre und Erdoberfläche:
(Solarkonstante/2) => netto 390 W/m² => +14,8°Celsius

Stefan-Boltzmann auf den Punkt gebracht: Um meinen zugrunde liegenden Gedankengang für die alternative Herleitung der S-B Schwarzkörpertemperatur über die Sonneneinstrahlung auf der Tagseite unserer Erde noch einmal zu verdeutlichen, hatte ich in der Kommentarfunktion von EIKE zum Beitrag vom 1. Februar 2017 (49) bereits die exakte Umkehrung des Stefan-Boltzmann Experimentes formuliert, Zitat mit Hervorhebungen, die beiden Abbildungen nebst Erklärungen wurden zum besseren Verständnis zusätzlich eingefügt:

„...*Das Stefan-Boltzmann Experiment* **verbindet Temperatur und Strahlung** *eines künstlich erhitzten Schwarzen Körpers im thermischen Gleichgewicht:*

- *Ein Schwarzer Körper* **strahlt mit seiner erhitzten Fläche A eine Energiemenge P** *ab, die der 4. Potenz seiner Temperatur T folgt:*

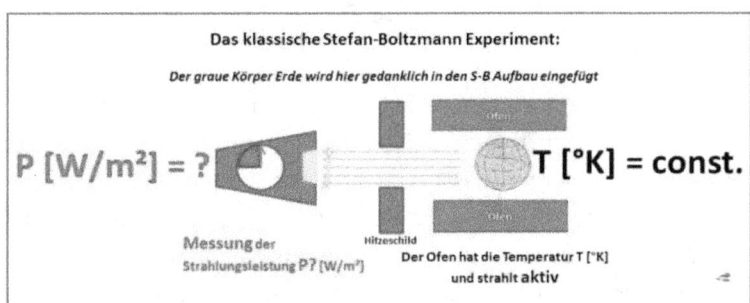

Wir können uns in den exakten S-B Versuchsaufbau für die die Strahlung eines idealen Schwarzen Körpers einmal den grauen Körper Erde mit seiner Albedo *a* „hineindenken". Die Gesamtsituation in diesem Gedankenexperiment wäre dann zwar nicht mehr „ideal", würde aber verdeutlichen, dass im künstlich erhitzten Ofen ein Strahlungsgleichgewicht für **alle Flächen** gelten würde, also auch für die „Nachtseite" der Erde.

Hinweis: Diese Abstraktion für das S-B Experiment führt unmittelbar zu der entscheidenden Frage, mit welcher Leistung in [W/m²] eine künstlich erhitzte Erde bei einer bestimmten Temperatur eigentlich abstrahlen würde. Beide Lösungsvarianten, nämlich −19°C bei 235 W/m² als auch +14,8°C bei 390 W/m², wären nach dem S-B Gesetz möglich.

- ***Die logische Umkehrung*** *des Stefan-Boltzmann-Gesetzes für die Temperatur eines passiv bestrahlten Schwarzen Körpers würde dann lauten:*

  Ein passiv mit einer bestimmten Strahlungsleistung P [W/m²] bestrahlter Schwarzer Körper **nimmt auf seiner bestrahlten Fläche A die Temperatur T an**, *die der 4. Wurzel aus der eingestrahlten Energiemenge P folgt...":*

Es wird aus dieser Abbildung sofort deutlich, dass man den Körper Erde eigentlich von beiden Seiten bestrahlen müsste, um der Umkehrung des S-B Experimentes bei einer globalen Betrachtung voll zu entsprechen. Denn man kann die Einstrahlung der Sonne auf der Tagseite der Erde nicht einfach halbieren, um dann die andere Hälfte dieser Strahlung ihrer Nachtseite zuzurechnen. Diese Darstellung führt also zwangsläufig zur hemisphärischen Betrachtung für die Gleichgewichtstemperatur der Erde.

Das einleitend ausgeführte Beispiel mit dem Brennglas und der Zeitung hatten wir alle in unserer Jugend ja sicherlich schon einmal ausprobiert. Wenn wir annehmen, das Brennglas habe eine Fläche von 30 cm² und der Brennpunkt sei 10 mm² groß, dann hätten wir im Brennpunkt eine Konzentration der einfallenden Strahlung um den Faktor

3.000 mm² / 10 mm² = 300   (in Worten: Dreihundert).

Dieser Faktor 300 gilt aber ausschließlich für den Brennpunkt, wo die Zeitung bei entsprechenden Bedingungen dann ja auch sofort anfängt zu qualmen. Dabei verändert sich aber im Prinzip die durchschnittliche Energiebilanz der gesamten Zeitung nicht, vom Schatten des Handgriffs und des Rahmens der Lupe sowie der haltenden Hand einmal abgesehen. Sehr wohl verändert sich aber die Energiedichte und damit auch die Temperatur der Zeitung im Strahlungsgleichgewicht des Brennpunktes, wie dieses Experiment eindeutig nachweist. Und wenn wir dieses Experiment bei Nacht und gleicher durchschnittlicher globaler Energiebilanz wiederholen, dann qualmt da gar nichts, weil ja schließlich die Sonneneinstrahlung fehlt. Halten wir hier also noch einmal fest:

Globale Energiebilanz ≠ lokales thermisches Gleichgewicht

Ich hatte ja bereits ausdrücklich darauf hingewiesen, dass meine originären Ausführungen zur Fehlberechnung des atmosphärischen Treibhauseffektes aus dem Stefan-Boltzmann-Gesetz selbstverständlich jederzeit wissenschaftlich widerlegt werden können, Zitat:

„...Wenn also wissenschaftlich eindeutig nachgewiesen würde, dass die Gleichsetzung der Energiebilanz unserer Erde (Fläche einer Kugel) mit der strengen thermischen Gleichgewichtsforderung des Stefan-Boltzmann Gesetzes für die bestrahlte Fläche (Halbkugel) physikalisch korrekt ist, dann bin ich tatsächlich widerlegt..."

Dazu noch ein späterer Zufallsfund:

Aussagen von Professor Dr. G. Gerlich, Zitat mit Hervorhebungen:

*„In den guten Standardlehrbüchern der Experimentalphysik und theoretischen Physik sucht man vergeblich die Stichworte **Treibhaus- oder Glashauseffekt und auch deren physikalische Behandlung**..."*

*„**Die Abstrahlung eines Körpers richtet sich aber nach der tatsächlichen Temperatur und nicht nach irgendwelchen Temperaturmittelwerten!** Temperaturmittelwerte müssen immer aus gegebenen Temperaturverteilungen bestimmt werden und für diese Mittelwerte gibt es keine lösbaren theoretischen Modelle. **Damit ist wohl deutlich gezeigt, daß alle Berechnungen mit einem "mittleren Strahlungsbudget" oder einer "Strahlungsbilanz" nichts mit mittleren Erdtemperaturen zu tun haben**..."*

Quelle: Die Treibhaus-Kontroverse, Leipzig, 9./10. Nov. 1995: Prof. Dr. G. Gerlich - Vortrag auf dem Herbstkongress der Europäischen Akademie für Umweltfragen „Die physikalischen Grundlagen des Treibhauseffektes und fiktiver Treibhauseffekte" http://www.ib-rauch.de/datenbank/vortrag-leipzig.html

Damit dürfte abschließend geklärt sein, dass die Erwärmung unserer Erde von der tatsächlichen Sonneneinstrahlung abhängig ist und die Nachtseite nichts zur Aufheizung unserer Erde beiträgt. Die hemisphärische Herleitung der globalen Durchschnittstemperatur stellt damit eine deutlich bessere Approximation für die theoretische Temperatur unserer Erde dar, als der herkömmliche Stefan-Boltzmann Ansatz über die durchschnittliche globale Energiebilanz, der offenbar gar keine anerkannte physikalische Lehrmeinung beschreibt.

Abbildungen zur Temperaturverteilung auf der Tagseite der Erde (neu):

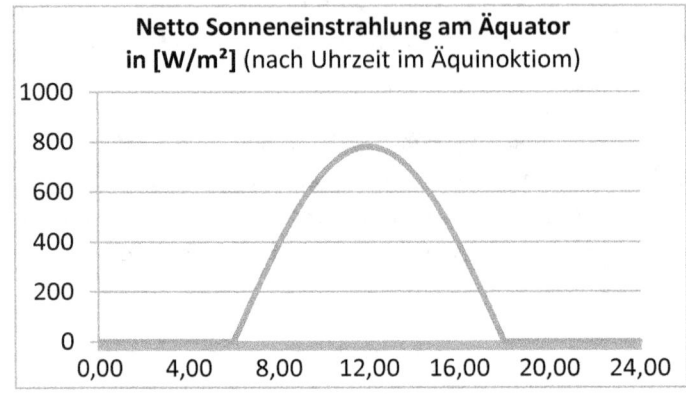

Abbildung neu:

Verlauf der Sonneneinstrahlung in [W/m²] über den 24h-Tag

Anmerkung: Der jeweils gleiche Kurvenverlauf ergibt sich übrigens auch zur Mittagszeit zwischen den beiden Polen von -90° bis +90° geogr. Breite.

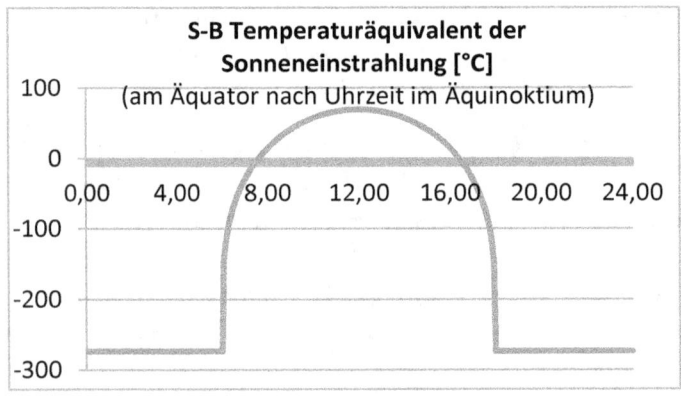

Abbildung neu:

Verlauf der S-B Temperatur im Gleichgewicht mit der Sonneneinstrahlung über den 24h-Tag.

Kommentar zu diesen beiden neuen Abbildungen: Man kann sich also leicht vorstellen, dass ein Maximum der Sonneneinstrahlung wie ein Brennglas jahreszeitlich zwischen den beiden Wendekreisen wandert und die Temperatur unserer Erde bestimmt.

Die angebliche „natürliche" Temperatur der Erde von -18°C ist ein typischer Fall für einen zu hohen Abstraktionsgrad bei der konventionellen S-B Herleitung, denn die Nachtseite der Erde hat ja mit der tatsächlichen Temperaturgenese gar nichts zu tun!

Gestatten Sie hier noch die Frage, zu welcher Tageszeit sich wohl wechselwarme Tiere auf „Betriebstemperatur" bringen – auch da scheint die Durchschnittstemperatur über eine gemittelte Energiebilanz inklusive der Nachtseite nämlich nicht zu funktionieren. Eigentlich ist also eher die mögliche S-B Maximaltemperatur ein Maßstab für die Erwärmung unserer Erde – und übrigens auch für die Erzeugung von Solarstrom. Geben Sie einfach mal den Begriff „Photovoltaik Tagesverlauf" in Ihre Internetsuchmaschine ein...

Ich zweifle also die durchschnittliche globale Energiebilanz der Erde in keiner Weise an, aber daraus lässt sich m. E. die Durchschnittstemperatur der Erde nicht ermitteln. Denn ein aktiver Temperatureinfluss der Sonneneinstrahlung kann sich nur auf der Tagseite der Erde entwickeln, während auf der Nachtseite lediglich Abstrahlung erfolgt. Der grundsätzliche physikalische Unterschied zwischen der durchschnittlichen Energiebilanz unserer Erde und der direkten temperaturwirksamen Sonneneinstrahlung auf ihrer Tagseite wird also bei der konventionellen Herleitung der S-B Schwarzkörpertemperatur nicht korrekt abgebildet. Denn wenn man die S-B Schwarzkörpertemperatur aus der globalen Energiebilanz berechnen will, muss man die tatsächliche solare Energiedichte auf der Tagseite halbieren – und rechnet dann aus diesem physikalisch gar nicht existenten Durchschnittswert für die Sonneneinstrahlung mittels eines als Gleichung missbrauchten S-B Gesetzes die Temperatur für ein nicht existierendes Strahlungsgleichgewicht aus der 4. Wurzel dieser global gemittelten Sonneneinstrahlung.

Richtig ist lediglich, dass man über eine solche globale Mittelung die durchschnittliche Gesamtabstrahlung der Erde im Energiegleichgewicht berechnen kann:

(EINSTRAHLUNG = 470 W/m² über $2\pi R^2$) = (ABSTRAHLUNG = 235 W/m² über $4\pi R^2$)

Es gibt auf unserer Erde nämlich gar keine durchschnittliche globale Sonneneinstrahlung von 235 W/m², die im Strahlungsgleichgewicht zu einer berechneten Schwarzkörpertemperatur von −19° Celsius führen könnte. Es existiert lediglich die tatsächliche Sonneneinstrahlung auf der Tagseite der Erde mit durchschnittlich 470 W/m², deren atmosphärische Nettowirkung 390 W/m² einer S-B Temperatur von +14,8° Celsius entspricht. Analog zu dem oben ausgeführten Beispiel mit der Lupe und der Zeitung ist hier also klar ersichtlich, dass sich die S-B Gleichgewichtstemperatur der Erde nur auf ihrer direkt von der Sonne bestrahlten Tagseite ausbilden kann.

Anmerkung: Die Differenz zwischen dem hier angegebenen Strahlungswert von 470 W/m² und dem oben angegebenen temperaturwirksamen Nettowert von 390 W/m² für die Atmosphäre besteht in den 80 W/m² IR-Abstrahlung von der Erdoberfläche im sogenannten „atmosphärischen Fenster" auf der Tagseite, die in der Atmosphäre ohne thermische Wirkung bleiben.

Und wenn Sie es noch genauer wissen wollen: Mit den Ausführungen von Kiehl & Trenberth (1997) verteilt sich die primäre Sonneneinstrahlung für die Tagseite von netto 470 W/m² auf die Atmosphäre mit (134 W/m²) und die Erdoberfläche mit (336 W/m²); es handelt sich hier also um einen Zweischichtfall. Die 336 W/m² werden dann als IR-Strahlung von der Erdoberfläche zurückgestrahlt, sodass in der Atmosphäre insgesamt (134+336−80=390) W/m² temperaturwirksam werden können. Es ergibt sich in diesem Zweischichtfall also ein Temperaturüberschuss von ca. 10 Grad zugunsten der Atmosphäre, was man auch als „Atmosphäreneffekt", aber niemals als eigenständigen „Treibhauseffekt" bezeichnen könnte. Und bevor sich jetzt auf der Kommentarplattform die „Widerleger" überschlagen, sei hier ausdrücklich auf die unterschiedliche Entropie dieser Strahlungsbeträge hingewiesen; bei den 134 W/m² handelt es sich nämlich um primäre Sonnenstrahlung. Für eine ausführliche Herleitung sei nochmals auf meine originäre Veröffentlichung verwiesen.

Es ist also keine wirklich gute Idee, die tatsächliche Sonneneinstrahlung auf der Tagseite der Erde über die gesamte Erdoberfläche inklusive der Nachtseite zu mitteln, um dann aus diesem globalen Mittelwert mit dem Stefan-Boltzmann Gesetz als „Rechenvorgabe" die Gleichgewichtstemperatur der Erde für die einfallende Sonneneinstrahlung zu berechnen.

Veröffentlicht auf EIKE am 16. Februar 2017:

https://www.eike-klima-energie.eu/2017/02/16/nachdem-sich-der-rauch-verzogen-hat-stefan-boltzmann-auf-den-punkt-gebracht/

Noch ein paar weitere Graphiken zum Tagesverlauf der Sonneneinstrahlung (alle Berechnungen erfolgten auf konzentrischen Mantelflächen von 1 Grad Breite für [0,5°-89,5°] um den Lotstrahl der Sonne [mit S_{eff} = 780 W/m²] im Äquinoktium):

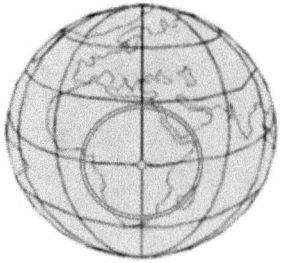

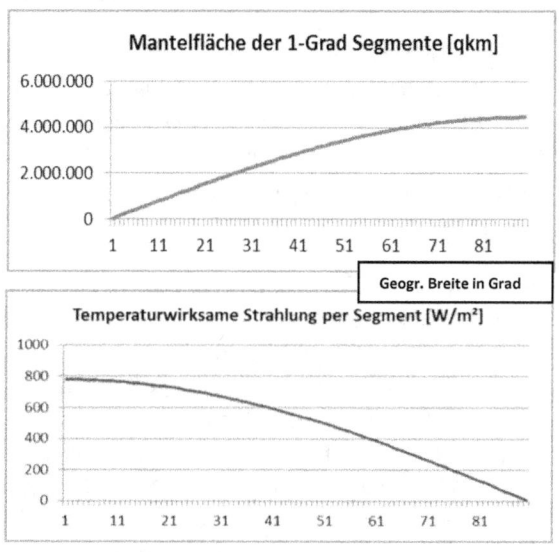

Abbildung für die Tagseite der Erde: Die Nachtseite der Erde hat mit der tatsächlichen Temperaturgenese überhaupt nichts zu tun!

Die gemittelte Einstrahlung über die Summe der Mantelflächen von 0,5°-89,5° beträgt 390 W/m²

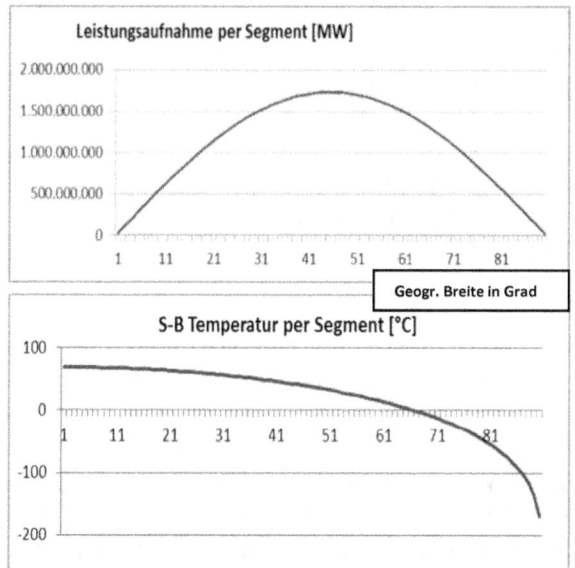

Auch aus diesen Graphiken wird deutlich, dass die Temperatur unserer Erde, und damit auch der Antrieb des globalen Klimas, durch die Einstrahlung der Sonne auf der Tagseite erzeugt wird. Die Nachtseite ist daran aktiv nicht beteiligt, dort finden lediglich Wärmeverteilung und Abkühlung statt.

Mal ganz nebenbei: **Über Graphiken als Argumentationshilfe**

Wenn Sie mit irgendwelchen Graphiken von angeblichen wissenschaftlichen Tatsachen überzeugt werden sollen, dann ist höchste Vorsicht geboten:

Der Nullpunkt: Achten Sie einmal auf den Nullpunkt der jeweiligen Graphik. Sollte dieser dort nämlich in einer Ausschnittsvergrößerung gar nicht dargestellt worden sein, könnte es sich bereits um den Versuch einer Einflussnahme handeln, weil Ihnen der absolute Bezugspunkt vorenthalten wird. In diesem Fall überlegen Sie einfach einmal, wo der betreffende Nullpunkt liegen würde und welche Folgerung sich daraus für die jeweilige Aussage ergibt...

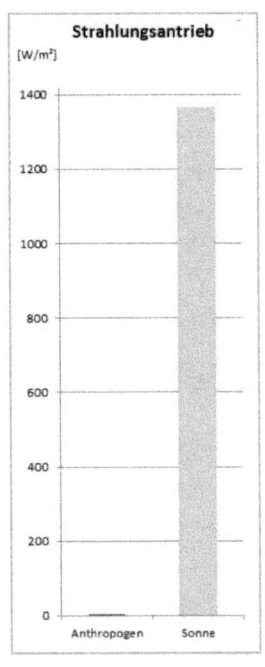

Darstellung von Differenzen: Noch erfolgreicher ist die zielgerichtete Darstellung von Differenzen. Der IPCC gibt den anthropogenen Anteil an der Klimagenese (Radiative Forcing) (50) mit 1,6 W/m² an, während der Beitrag der Sonneneinstrahlung dort nur 0,12 W/m² beträgt. Die Argumentation des IPCC zielt dort auf eine Erklärung für den Temperaturanstieg seit 1750 ab. Der Witz ist nun, dass hier der maximal mögliche menschliche Klimabeitrag durch IR-aktive Gase, die ohne eine Primärquelle gar keinen eigenständigen Temperaturbeitrag liefern können, mit dem Differenzbetrag der vorgeblichen Schwankung der Primärquelle Sonne seit 1750 in Beziehung gesetzt wird, was optisch ein überwältigendes Szenario für einen menschengemachten Klimaeinfluss ergibt.

Wenn man nun aber die tatsächlichen Einflussgrößen betrachten will, dann muss man hier die tatsächliche Sonneneinstrahlung von 1.367 W/m² in Beziehung setzen, um sich die wirkliche Relation für eine mögliche Klimarelevanz des menschlichen Einflusses vor Augen zu führen. Und da liegt dann der maximal befürchtete (sekundäre) Klimaeinfluss des Menschen bei etwa einem Promille der tatsächlichen Sonneneinstrahlung.

Darstellung in Prozentwerten: Es ist in Mode gekommen, bei populärwissenschaftlichen Abbildungen aus der Klimaforschung die Werte der betrachteten Elemente in Prozenten anzugeben. Damit ist es nicht nur möglich geworden, Äpfel und Birnen direkt zu vergleichen, sondern auch spontane Plausibilitätsabschätzungen des Betrachters zu unterbinden. Denn selbst mit der Angabe, auf welche Basis sich die Prozentangabe bezieht, werden die tatsächlichen Zahlenwerte verschleiert und erfordern für das tiefere Verständnis eine Umrechnung, die ein fachfremder Betrachter üblicherweise nicht leisten wird.

Weitere Überlegungen zur hemisphärischen Herleitung einer globalen Durchschnittstemperatur

In den Mitteilungen der Deutschen Geophysikalischen Gesellschaft Nr. 3/2016 war der Artikel „A Short Notice about the Natural Greenhouse Effekt" mit einer hemisphärischen Herleitung für die globale Durchschnittstemperatur mit dem Stefan-Boltzmann-Gesetz erschienen (WEBER 2016). Zu einer wissenschaftlichen Diskussion über diesen S-B Ansatz, der keine Temperaturdifferenz zur gemessenen globalen Mitteltemperatur aufweist und damit ohne einen atmosphärischen Treibhauseffekt auskommt, ist es hier leider nicht gekommen. Dieser hemisphärische Stefan-Boltzmann Ansatz wurde später in vereinfachter Form auch auf Internetmedien in verschiedenen VERÖFFENTLICHUNGEN (2017) vorgestellt und dort in den Kommentarfunktionen diskutiert.

Der Autor hatte in einigen dieser späteren Artikel ausdrücklich darauf hingewiesen, dass seine hemisphärische Herleitung der globalen Durchschnittstemperatur mit dem Stefan-Boltzmann-Gesetz selbstverständlich jederzeit wissenschaftlich widerlegt werden könne, Zitat:

> „...Wenn also wissenschaftlich eindeutig nachgewiesen würde, dass die Gleichsetzung der Energiebilanz unserer Erde (Fläche einer Kugel) mit der strengen thermischen Gleichgewichtsforderung des Stefan-Boltzmann Gesetzes für die bestrahlte Fläche (Halbkugel) physikalisch korrekt ist, dann bin ich tatsächlich widerlegt..."

Eine nähere Betrachtung der hier aufgezeigten Problematik läuft dann allerdings im Gegenteil auf einen immer noch zu hohen Abstraktionsgrad bei der hemisphärischen Anwendung des Stefan-Boltzmann-Gesetzes hinaus.

Kritische Betrachtung des hemisphärischen S-B Ansatzes für die globale Durchschnittstemperatur: Auf den in den Literaturzitaten aufgeführten Internetmedien beschränkte sich die kritische Diskussion im Wesentlichen auf eine grundsätzliche Ablehnung des vorgestellten hemisphärischen S-B Ansatzes. Abgesehen von vermeintlich aufgedeckten Widersprüchen aufgrund geometrischer Verständnisprobleme einzelner Diskutanten war eine physikalisch nachvollziehbare Falsifizierung dieser hemisphärischen S-B Betrachtung nirgendwo erfolgt.

Als Beweis für die Existenz eines atmosphärischen Treibhauseffektes wurde dort vielmehr mit einer atmosphärischen Gegenstrahlung argumentiert, deren theoretischer NACHWEIS (2011) allerdings ausgerechnet an der Herleitung einer „Gleichgewichts-Temperatur" von 255° Kelvin ($\cong -18°$ Celsius) über die globale Energiebilanz krankt und daher in einem Zirkelbezug auf den konventionellen S-B Ansatz endet. Der Hinweis in einem der Kommentare auf eine Arbeit von Gerlich und Teuschner zum atmosphärischen Treibhauseffekt erwies sich allerdings als fruchtbar. Die Internetrecherche nach diesen Autoren führte schließlich zu einem Vortragsskript von **GERLICH (1995)**, wo es heißt (Zitat mit Hervorhebungen):

> „Die Abstrahlung eines Körpers richtet sich aber nach der tatsächlichen Temperatur und nicht nach irgendwelchen Temperaturmittelwerten! Temperaturmittelwerte müssen immer aus gegebenen Temperaturverteilungen bestimmt werden und für diese Mittelwerte gibt es keine lösbaren theoretischen Modelle. Damit ist wohl deutlich gezeigt, daß alle Berechnungen mit einem "mittleren Strahlungsbudget" oder einer "Strahlungsbilanz" nichts mit mittleren Erdtemperaturen zu tun haben…"

Oder anders ausgedrückt: Nach der vom Stefan-Boltzmann-Gesetz eindeutig vorgegebenen Gesetzmäßigkeit zwischen der ganz konkreten Temperatur eines Schwarzen Strahlers und seiner dadurch eindeutig definierten Strahlungsleistung in einem thermischen Gleichgewicht existiert für eine wie immer ermittelte durchschnittliche Energiemenge kein entsprechender S-B Durchschnittswert für die Temperatur. Die nachfolgenden Abbildungen 1 und 2 einer S-B konformen Berechnung für die Tagseite der Erde verdeutlichen die zitierte Aussage von Gerlich:

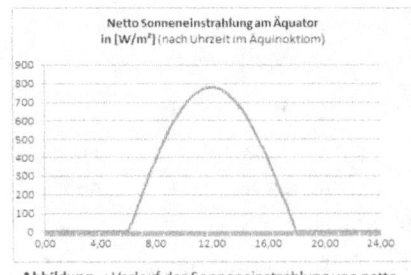
Abbildung : Verlauf der Sonneneinstrahlung von netto 780 [W/m²] über den 24h-Tag

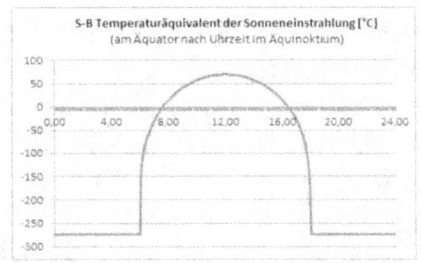
Abbildung : Verlauf der S-B Temperatur im Gleichgewicht mit der Sonneneinstrahlug

Anmerkung: Der hier dargestellte äquinoktiale Kurvenverlauf am Äquator für das Zeitfenster zwischen 6:oo und 18:00 Uhr entspricht auch dem Verlauf der Sonneneinstrahlung zwischen den beiden Polen von -90° bis +90° geographischer Breite mit dem Äquator auf 12:00 Uhr im mittäglichen solaren Zenit.

Zur Herleitung von Temperaturen mittels einer Inversion des Stefan-Boltzmann-Gesetzes im Strahlungsgleichgewicht nach der Formel $T = \sqrt[4]{S/\sigma}$ ist also grundsätzlich festzuhalten:

- Das Stefan-Boltzmann-Gesetz liefert eine physikalisch nachgewiesene eindeutige Beziehung zwischen dem konkreten Temperaturwert eines Schwarzkörpers (primär) und seiner aktiven Strahlungsleistung (sekundär) im thermischen Gleichgewicht.

- Die Inversion des Stefan-Boltzmann-Gesetzes, also die Ableitung einer induzierten Temperatur (sekundär) aus einer passiv erhaltenen Strahlungsleistung (primär), wie sie in beiden S-B Ansätzen zur Ermittlung der theoretischen Durchschnittstemperatur der Erde angewendet wird, setzt die grundsätzliche Umkehrbarkeit des S-B Gesetzes im thermischen Gleichgewicht voraus.

- Beide S-B Beziehungen, also das S-B Gesetz selbst und seine Inversion, liefern im Strahlungsgleichgewicht jeweils ein eindeutiges rechnerisches Ergebnis für die einer explizit definierten Temperatur zugeordnete konkrete Strahlungsleistung, beziehungsweise bei der S-B Inversion die einer explizit definierten Strahlungsleistung zugeordnete konkrete Temperatur; beide Ansätze gelten mithin nicht für Durchschnittswerte.

Überprüfen wir mit diesen Aussagen einmal die beiden diskutierten S-B Inversionen zur Berechnung einer globalen Durchschnittstemperatur (Tabelle 1):

Tabelle 1: S-B Modellvergleich	Strahlungsgleichgewicht	Durchschnittswerte
S-B Inversion über die globale Energiebilanz	nein	ja
Hemisphärische S-B Inversion	ja	ja
Ein korrekter S-B Ansatz wäre	ja	nein

Beide S-B Inversionen zur Berechnung der theoretischen globalen Durchschnittstemperatur setzen zunächst zwingend voraus, dass eine Umkehrung des Stefan-Boltzmann-Gesetzes physikalisch korrekt ist. Aber eine theoretische Durchschnittstemperatur der Erde ergibt sich aus dem Durchschnitt individueller Gleichgewichtstemperaturen und nicht als Ergebnis einer gemittelten Strahlungsleistung:

- o **Der konventionelle S-B Ansatz** errechnet sich über eine global gemittelte Energiebilanz von durchschnittlich 235 W/m², missachtet durch die Einbeziehung der Nachtseite zusätzlich auch noch die zwingende implizite Bedingung des Stefan-Boltzmann-Gesetzes für ein thermisches Gleichgewicht und stellt damit einen viel zu hohen Abstraktionsgrad dar. Im Ergebnis kann die auf Basis einer globalen Energiebilanz berechnete globale S-B Durchschnittstemperatur von −18 Grad Celsius also nur eine ganz grobe Minimalabschätzung liefern und erfordert zur Erklärung der gemessenen globalen Durchschnittstemperatur von +15 Grad Celsius einen zusätzlichen atmosphärischen Treibhauseffekt für die Differenz von 33 Grad.

- o **Der hemisphärische S-B Ansatz** mit einer durchschnittlichen hemisphärischen Strahlungsleistung von netto 390 W/m² stellt gegenüber dem konventionellen Ansatz eine deutlich bessere Näherungslösung für die tatsächlichen Strahlungsverhältnisse auf der Tagseite der Erde dar. Die hemisphärisch abgeleitete S-B Durchschnittstemperatur stimmt mit der messtechnisch ermittelten tatsächlichen globalen Durchschnittstemperatur überein und kommt ohne die Forderung nach einem atmosphärischen Treibhauseffekt aus. Sie interpretiert das S-B Gesetz aber wegen der Herleitung einer theoretischen Durchschnittstemperatur aus einer hemisphärisch gemittelten Strahlungsleistung ebenfalls nicht korrekt.

Eine T^4-Beziehung wie das Stefan-Boltzmann-Gesetz kann also gar keine Mittelwerte abbilden:

0 W/m² entsprechen nach dem S-B Gesetz −273°C und 470 W/m² entsprechen +28°C. Der daraus gemittelte Temperaturwert von etwa −122,5°C für einen Strahlungsdurchschnitt von 235 W/m² entspricht aber keineswegs der diesem Strahlungswert direkt zugeordneten S-B Temperatur von −19°C.

Das Gleichheitszeichen im Stefan-Boltzmann-Gesetz stellt also eine physikalisch eindeutige Beziehung zwischen ganz konkreten Strahlungs- und Temperaturwerten im thermischen Gleichgewicht her und darf nicht als eine beliebige mathematische Rechenanweisung verstanden werden. Die dem S-B Gesetz zugrundeliegende Beziehung zwischen konkreten Wertepaaren wäre also physikalisch klarer definiert, wenn dieses Gleichheitszeichen dort durch beispielsweise einen Doppelpfeil ersetzt werden würde (Gleichung 1):

(1) $P/A \Leftrightarrow \sigma * T^4$ mit der S-B Konstante $\sigma = 5{,}670 * 10^{-8}$ [W m^{-2} K^{-4}]

und   P = Strahlung in [W], A = Fläche [m²], T = Temperatur in [°K]

Die Inversion des Stefan-Boltzmann-Gesetzes würde in dieser Schreibweise dann folgendermaßen aussehen (Gleichung 2):

(2) $T \Leftrightarrow \sqrt[4]{(S/\sigma)}$ mit P/A = S

Die korrekte Ermittlung einer tatsächlichen theoretischen globalen Durchschnittstemperatur muss also auf der Grundlage von individuellen örtlichen S-B Gleichgewichtstemperaturen aus der tatsächlichen breitenabhängigen Netto-Sonneneinstrahlung erfolgen. Gleichung (6) aus WEBER (2016) für eine temperaturwirksame netto Strahlungsleistung von durchschnittlich 390 W/m² auf der Tagseite der Erde muss daher nachfolgend als Gleichung (3) die Breitenabhängigkeit des individuellen solaren Strahlungsantriebs für die jeweilige Ortslage berücksichtigen:

(3) $S_{\varphi,z} \Leftrightarrow 780$ [W/m²] * $\cos \varphi$

mit $S_{\varphi,z}$=breitenabhängiger hemisphärischer Netto-Strahlungsantrieb im solaren Zenit und φ=auf den jahreszeitlichen Sonnenstand korrigierte Breite der Ortslage

Die gemittelte Temperatur von -90° bis +90° geographische Breite über die individuellen S-B Gleichgewichtstemperaturen für einen äquinoktialen Sonnenstand im Zenit beträgt damit dann etwa 21°C. In Abbildung 5 wird der Jahresverlauf der maximalen S-B Gleichgewichtstemperatur im solaren Zenit in 20°-Schritten der geographischen Breite dargestellt.

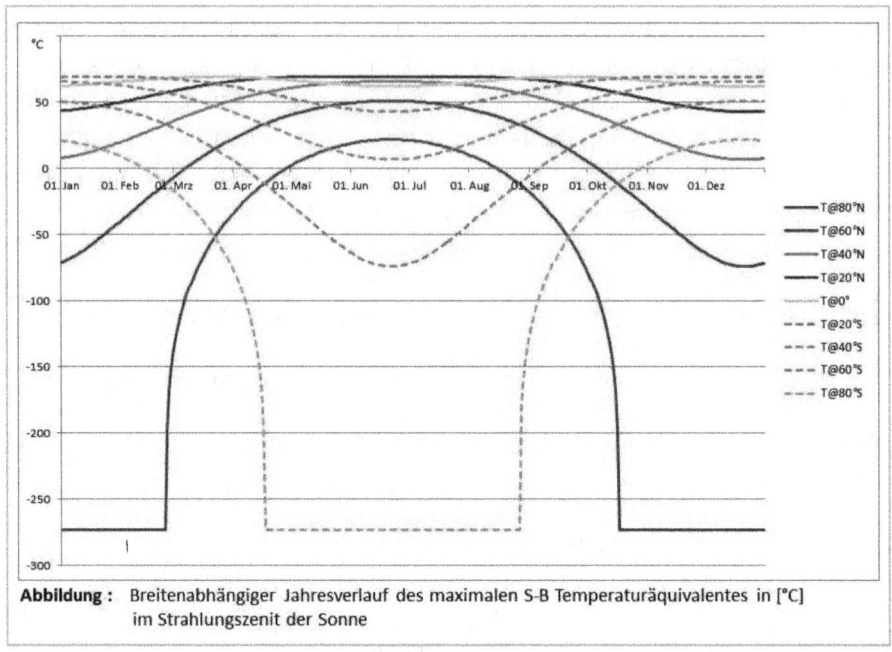

Abbildung: Breitenabhängiger Jahresverlauf des maximalen S-B Temperaturäquivalentes in [°C] im Strahlungszenit der Sonne

Diese Abbildung zeigt ganz deutlich eine hohe jährliche Temperaturkonstanz um den Äquator und eine Zunahme jahreszeitlicher Temperatureffekte mit der geographischen Breite. Die S-B Gleichgewichtstemperaturen in mittleren und höheren Breiten ändern sich systematisch mit dem jahreszeitlichen Sonnenstand in beide Richtungen. Lediglich im jeweiligen Winterhalbjahr geht die maximale S-B Strahlungstemperatur der Sonne jenseits von 40° Breite unter 0° Celsius zurück, also im jeweiligen Winterhalbjahr auf etwa einem Sechstel der Erdoberfläche. Da sich eine lokal gemessene Temperatur proportional zum jeweiligen Sonnenstand einstellen wird, liegt demnach der solar betriebene „Klimamotor" unserer Erde zwischen den Wendekreisen und reicht im Sommer bis in die mittleren Breiten der jeweiligen Hemisphäre.

Wie wir alle aus eigener Erfahrung wissen, hängen die Temperaurunterschieden zwischen Tag und Nacht, Sommer und Winter, Norden und Süden allein von der Intensität der Sonneneinstrahlung ab.

Die breitenabhängig ermittelten S-B Maximaltemperaturen im Strahlungszenit der Sonne liegen zwischen den Wendekreisen und in den Sommermonaten bis in mittlere Breiten der jeweiligen Halbkugel deutlich über den gemessenen örtlichen Temperaturen. Darüber hinaus findet ein natürlicher Temperaturausgleich zwischen der heißen Äquatorregion und den kalten Polargebieten über den Wärmeinhalt von Lufthülle und Ozeanen statt, wie die nachstehende Abbildung der globalen Zirkulationen nachweist.

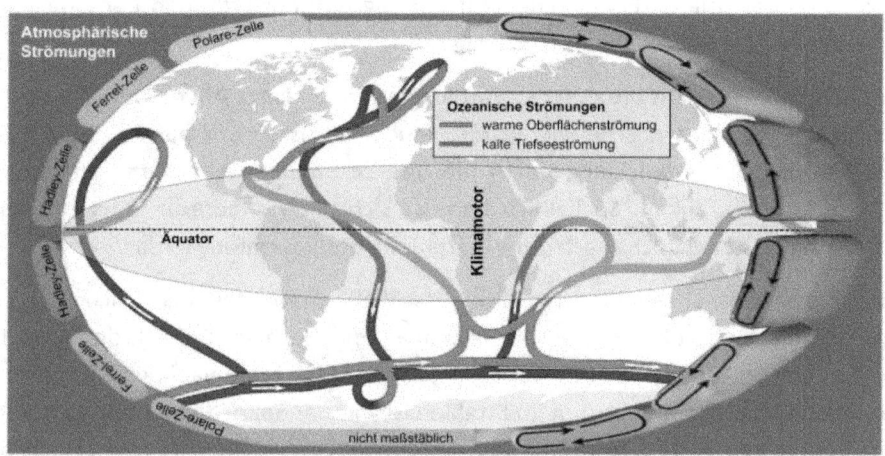

Abbildung: Die globalen Strömungssysteme in Atmosphäre und Weltmeeren

Diese Abbildung wurde vom Autor aus folgenden Fremdabbildungen zusammengestellt:
Die Thermohaline Circulation aus Wikipedia
http://de.wikipedia.org/w/index.php?title=Datei:Thermohaline_Circulation.svg&filetimestamp=20091021210407
Autoren: BlankMap-World6.svg: Canuckguy and many others -
Diese Datei ist unter der Creative Commons-Lizenz Namensnennung-Weitergabe unter gleichen Bedingungen 3.0 Unported lizenziert
Thermohaline_Circulation_2.png: Robert Simmon, NASA. Minor modifications by Robert A. Rohde also released to the public domain,
derivative work: Miraceti - Letzter Zugriff am 9. Februar 2012
und Earth Global Circulation aus Wikipedia http://de.wikipedia.org/w/index.php?title=Datei:Earth_Global_Circulation-DE.xcf.jpg&filetimestamp=20080523073609
Diese Datei ist gemeinfrei (public domain), da sie von der NASA erstellt worden ist - letzter Zugriff am 9. Februar 2012

Damit ist diese Abbildung ebenfalls unter der „Creative Commons-Lizenz 3.0 Unported" (Namensnennung - Weitergabe unter gleichen Bedingungen) lizenziert

Ergebnis: Die Herleitung einer theoretischen globalen Durchschnittstemperatur aus der hemisphärisch gemittelten Durchschnittsstrahlung der Sonne von netto 390 W/m² stellt ein deutlich verbessertes Modell gegenüber dem konventionellen S-B Ansatz aus der globalen Energiebilanz unserer Erde mit 235 W/m² dar. Dieses hemisphärische Modell widerlegt den sogenannten atmosphärischen Treibhauseffekt, erfüllt aber ebenfalls nicht alle Bedingungen des zugrunde liegenden Stefan-Boltzmann-Gesetzes.

Man kann es auch folgendermaßen formulieren: Die konventionelle Herleitung einer globalen Durchschnittstemperatur aus dem S-B Gesetz ist die ferne astronomische Sicht auf einen über seine ganze Fläche aktiv abstrahlenden Stern. Unsere Erde ist aber nur ein Planet, der halbseitig von seiner Sonne beschienen wird. Was man herkömmlich als einen natürlichen atmosphärischen Treibhauseffekt zu bezeichnen beliebt, ist also einfach nur die Temperaturgenese, die zwischen der solaren Einstrahlung auf der Tagseite der Erde und der globalen Abstrahlung über ihre Gesamtfläche liegt.

Wir dürfen also nicht die durchschnittliche astronomische Abstrahlungstemperatur unserer ganzen Erde betrachten, sondern müssen uns auf die tatsächliche Temperaturentwicklung durch die direkte Sonneneinstrahlung auf ihrer Tagseite beschränken. Schließlich bemisst sich die Temperatur einer heißen Kochplatte ja auch nicht nach der Abstrahlung des gesamten Herdes...

Die Erwärmung unserer Erde ist also ausschließlich von der tatsächlichen Sonneneinstrahlung auf ihrer Tagseite abhängig, die Nachtseite der Erde hat mit ihrer Temperaturgenese überhaupt nichts zu tun. Die breitenabhängig ermittelten S-B Maximaltemperaturen im Strahlungszenit der Sonne liegen bis in mittlere Breiten der jeweiligen Halbkugel deutlich über den gemessenen örtlichen Temperaturen. Die Genese dieser gemessenen Ortstemperaturen erfordert also gar keinen atmosphärischen Treibhauseffekt zur Erklärung dieser gemessenen Temperatur. Im Gegenteil, gäbe es einen solchen atmosphärischen Temperatureffekt von 33 Grad zusätzlich zur Strahlungstemperatur der Sonne, dann wären wohl weite Bereiche der Tropen unbewohnbar...

Eine korrekte Ermittlung der theoretischen globalen Durchschnittstemperatur muss also auf Grundlage der individuellen S-B Gleichgewichtstemperaturen aus der tatsächlichen breitenabhängigen Netto-Sonneneinstrahlung erfolgen, und zwar für alle Stationen des globalen Temperaturmessnetzes unter Anwendung der für die gemessene Durchschnittstemperatur benutzten Algorithmen. Erst mittels eines solchen Vorgehens könnte ein abschließender Vergleich von gemessener und theoretischer Temperatur unserer Erde durchgeführt werden.

Ein solches Endergebnis dürfte dann aber nicht nur in einer globalen Durchschnittstemperatur als undifferenzierte Messgröße für mögliche Klimaveränderungen münden, sondern dieses Ergebnis müsste vielmehr in einen direkten Bezug zu den geographischen Klimazonen unserer Erde gesetzt werden. Erst eine solche global differenzierte Darstellung könnte zu einer aussagefähigen Visualisierung der klimatischen Ausgangssituation auf unserer Erde und deren zeitlicher Veränderungen führen.

„Wer die Erkenntnis der Sache nicht hat, dem wird die Erkenntnis der Worte nicht helfen."

Martin Luther (1483 -1546)

Klima-Revolution:

Ein atmosphärischer Treibhauseffekt ist nicht erkennbar!

Teil 3: Wie funktioniert der natürliche Klimawandel wirklich?

Die Sonne bringt es an den Tag: Das IPCC ist eine Werbeagentur für die globale Dekarbonisierung	76
Entwarnung für AGW: Es kann gar keine „menschengemachte" Klimakatastrophe geben	80
Versuchen wir mal ein Gedankenexperiment: Es gibt gar keine Erde!	84
Nachweis: Die Sonne kann unser Klima sehr wohl beeinflussen, denn sie hat es schon immer getan	85
Eine Hypothese für den natürlichen Klimaantrieb: Über welchen Mechanismus hängen Sonne und Klima zusammen?	90

Die Sonne bringt es an den Tag: Das IPCC ist eine Werbeagentur für die globale Dekarbonisierung

Seit 4.600.000.000 Jahren bestimmt allein die Strahlung der Sonne die Temperatur unseres Planeten und damit auch das Klima auf der Erde. Das IPPC behauptet nun, innerhalb von etwa 200 Jahren habe der Mensch mit der Industrialisierung diesen natürlichen Klimaantrieb durch seinen industriellen CO_2-Ausstoß außer Kraft gesetzt und bestimme nun das Klima allein. Dieses Intergovernmental Panel on Climate Change (IPCC) wurde 1988 gegründet und besteht nunmehr seit fast 30 Jahren. Er hat sich mit der Einführung eines alleinigen CO_2-Klimaantriebs allergrößte Verdienste um die öffentliche Verbreitung einer bevorstehenden Weltklimakatastrophe erworben und wurde dafür im Jahr 2007 mit dem Nobelpreis ausgezeichnet.

Das IPCC bezeichnet sich selbst als eine wissenschaftliche Einrichtung [1], die keinerlei eigene wissenschaftliche Arbeiten durchführt. Seine Finanzierung wird durch Beiträge von WMO, UNEP und UNFCCC getragen. Das IPCC arbeitet also eigentlich wie die Fachzeitschrift einer wissenschaftlichen Vereinigung. Bereits die Aussage,

> "IPCC aims to reflect *a range* of views and expertise",

formuliert eine ausdrückliche Einschränkung für die dort ausgewählten wissenschaftlichen Beiträge zur Klimagenese unserer Erde, denn es geht in dem formulierten Auftrag an das IPCC offenbar gar nicht um das vollständige Spektrum (the [full] range) der aktuellen wissenschaftlichen Erkenntnisse. Wissenschaftliche Arbeiten, die keine Klimakatastrophe abbilden, erfahren beim IPCC deshalb auch keine gleichberechtigte Würdigung. Das IPCC reduziert sich also selbst auf eine Art übernationale Werbeagentur für einen monokausalen CO_2-Klimaantrieb und erfüllt damit konsequent seinen ursprünglichen politischen Auftrag, nämlich ein klares wissenschaftliches Szenario für den verkündeten Klimawandel aufzustellen („... *a clear scientific view on the current state of knowledge in climate change* ...").

Nun argumentiert das IPCC beim angeblich vom Menschen verursachten Klimawandel immer wieder damit, dass der natürliche Einfluss der Sonne auf Klimaveränderung viel zu gering und damit zu vernachlässigen sei, Siehe die **Abbil-**

dung 1 (hier wegen fehlendem Copyright nicht dargestellt) „Solarstrahlung nach Makiko Sato & James Hansen", Quelle: WIKI Bildungsserver Klimawandel [2].

Tatsächlich betragen die 11-jährigen zyklischen Schwankungen der Solarkonstanten mit etwas mehr als einem Watt pro Quadratmeter gerade einmal knapp 1 Promille der Gesamtstrahlung. Das sagt allerdings noch gar nichts über die tatsächliche Wirksamkeit oder Unwirksamkeit dieser Schwankungen für das globale Klima aus. In Abbildung 2 ist die als Globalstrahlung gemessene tatsächliche Sonneneinstrahlung an der Station Potsdam zwischen 1937 und 2011 dargestellt. Ein deutlicher Anstieg im letzten Viertel des vergangenen Jahrhunderts mit einer Abflachung im ersten Jahrzehnt dieses Jahrhunderts ist klar zu erkennen. Der Verlauf der Globalstrahlung in Abbildung 2 zeigt damit eine recht gute Übereinstimmung mit dem Temperaturverlauf in Abbildung 1.

Strahlungsstärke und Klimawirksamkeit sind völlig unterschiedliche Begriffe und werden von der modernen Klimawissenschaft meist synonym verwendet, um den Klimaeinfluss der Sonne zu marginalisieren. Die Globalstrahlung zeigt mit einer Variabilität von mehr als 10 Prozent aber sehr viel größere Schwankungen, als sie allein aus der Veränderung der Solarkonstanten von knapp 1 Promille über die solaren Zyklen zu erwarten wären.

Das IPCC gibt die Klimawirksamkeit von CO_2 als „radiative forcing" in den Einheiten Watt pro Quadratmeter [W/m²] an. CO_2 ist aber gar nicht in der Lage, aus sich selbst heraus Energie zu erzeugen. Vielmehr berechnet das IPCC dieses „radiative forcing" von CO_2 aus der maximalen Aufnahmefähigkeit des CO_2-Moleküls für infrarote Strahlung. Es wird vom IPCC bei seinen Modellrechnungen für das zukünftige Weltklima also zwingend vorausgesetzt, dass aus der Infrarot-Rückstrahlung der Erdoberfläche eine vollständige Wärmeaufnahme durch die atmosphärischen CO_2-Molekühle erfolgt.

Tatsächlich hat also die Globalstrahlung einen sehr viel stärkeren Einfluss auf den angeblichen CO_2-Klimaantrieb als die Solarkonstante. Schließlich soll dieser CO_2-Klimaantrieb ja aus der infraroten Rückstrahlung der Erdoberfläche gespeist werden. Und diese Rückstrahlung ist zwangsläufig direkt proportional zur Schwankung dieser primären Einstrahlung, die als Globalstrahlung gemessen wird.

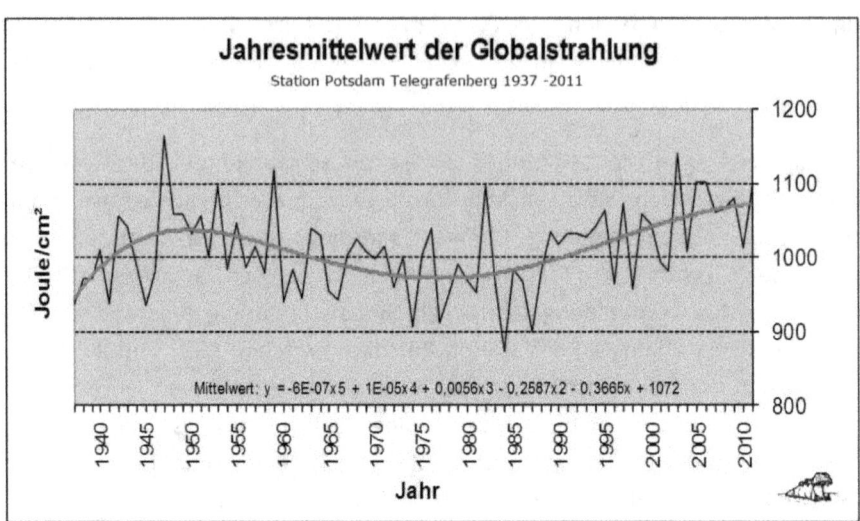

Abbildung 2: Gemessene Globalstrahlung an der Station Potsdam Telegrafenberg 1937-2011 (Daten für die Globalstrahlung: http://www.klima-potsdam.de [3])

Anmerkung: Die Einheit für die Globalstrahlung ist 1 Joule = 1 Watt x 1 Sekunde = 1 Ws
1000 Joule/cm² entsprechen damit einem Wert von 2,78 kWh/m²

Wenn also die in Potsdam gemessene Globalstrahlung um mehr als 10 Prozent schwankt, dann müsste im gleichen Zeitraum auch zwingend der angebliche CO_2-Klimaantrieb um eine vergleichbare Größenordnung schwanken, und zwar gleichgültig, wie groß der tatsächliche CO_2-Anteil in der Atmosphäre ist. Davon ist aber nichts bekannt und darüber hat sich das IPCC auch niemals geäußert!

Am Ende entlarvt sich das IPCC also als eine parteiische Werbeagentur für eine fundamentalistisch-pseudowissenschaftliche CO_2-Klimareligion, die eine „Dekarbonisierung" der Welt erzwingen will.

Anstatt nämlich die tatsächliche Klimawirkung der aktiven Sonne in sein Paradigma einzufügen, wird die sehr geringe primäre Schwankungsbreite der Solarkonstanten als Totschlagargument benutzt, und die vorliegenden gegenteiligen Erkenntnisse zur Klimawirksamkeit der Sonne werden völlig ausgeblendet. Eine einzelne Institution wie das IPCC kann sich aber durch seinen politischen Auftrag, seinen eigenen Anspruch oder die Qualität und Quantität seiner Gutachter niemals in den alleinigen Besitz einer gültigen wissenschaftlichen Lehrmeinung bringen; und ein wissenschaftlicher Überprüfungsprozess durch Fachgutachter

(Peer-Review) darf sich auch niemals auf ein einziges wissenschaftliches Paradigma beschränken. Die deutsche Bezeichnung „Weltklimarat" ist daher ein sehr geschicktes öffentlichkeitswirksames Marketing, denn sie weist dem IPCC eine übergeordnete wissenschaftliche Autorität zu, die es als Hauptwerbeträger einer menschengemachten Klimakatastrophe gar nicht besitzt. Das IPCC müsste auf Deutsch eigentlich „Internationales Forum für den Klimawandel" heißen. Schon gar nicht darf eine von der Weltgemeinschaft finanzierte wissenschaftliche Institution ihr eigenes Paradigma als das einzig gültige erklären und alle abweichenden Erkenntnisse ignorieren.

Echte Wissenschaft hätte im Gegenteil zwingend einen Bezug zwischen den Zyklen der Solarkonstanten und der tatsächlich gemessenen Globalstrahlung herstellen müssen, um deren zugrundeliegende Gesetzmäßigkeiten aufzuklären und sie seriös in die entsprechenden Klimamodelle zur Vorhersage der künftigen Temperaturentwicklung auf unserer Erde einzupflegen.

Literaturnachweise

[1] IPCC: http://www.ipcc.ch/organization/organization.shtml Letzter Zugriff am 7. Oktober 2011

[2] Abbildung 1 vom WIKI Bildungsserver Klimawandel: Solarstrahlung nach Makiko Sato & James Hansen: Updating the Climate Science. What Path is the Real World Following? - Solar Irradiance; Temperatur nach Daten der National Oceanic and Atmospheric Administration: Annual global temperature
Dieses Bild ist ein Originalbild des Klimawandel-Wiki und steht unter der Creative Commons Lizenz Namensnennung-**NichtKommerziell**-Weitergabe unter gleichen Bedingungen 2.0 Deutschland http://wiki.bildungsserver.de/klimawandel/index.php/Sonnenenergie
Letzter Zugriff am 3. Juli 2016

[3] Abbildung 2 (mit Änderungen) und Teile des Textes aus „Klimahysterie ist keine Lösung" (ISBN 978-3844806625) http://www.bod.de/buch/uli-weber/klimahysterie-ist-keine-loesung/9783844806625.html
Daten für die Globalstrahlung: http://www.klima-potsdam.de
Letzter Zugriff am 9. Februar 2012

Veröffentlicht auf KalteSonne am 5. Juli 2016:
http://www.kaltesonne.de/die-sonne-bringt-es-an-den-tag-das-ipcc-ist-eine-werbeagentur-fur-die-globale-dekarbonisierung/

Die tatsächliche Klimawirksamkeit von CO_2 liegt deutlich unter 1,0 Grad pro Verdoppelung des atmosphärischen CO_2-Gehaltes:

Entwarnung für AGW: Es kann gar keine „menschengemachte" Klimakatastrophe geben

Zusammenfassung einer englischsprachigen Veröffentlichung von Uli Weber zum natürlichen Klimaantrieb. Der Originalartikel ist in den Mitteilungen der Deutschen Geophysikalischen Gesellschaft Nr.2/2016 unter dem Titel **"About the Natural Climate Driver"** erschienen und ist zu finden auf: https://dgg-online.de/publikationen/mitteilungen/

In die Zukunft gerichtete Klimamodelle rechnen den heutigen Klimawandel im Wesentlichen dem vom Menschen verursachten CO_2-Eintrag in die Atmosphäre zu (Anthropogenic Global Warming = AGW) und unterscheiden nicht zwischen einem natürlichen und einem menschengemachten Klimaantrieb. Erst mit einer solchen willkürlichen Beschränkung auf einen vorgeblich alleinigen anthropogenen CO_2-Klimaantrieb aber wird der AGW-Klimaalarmismus zur zukunftweisenden Wissenschaftsreligion, mit der die Weltbevölkerung bis zum Jahre 2100 in eine dekarbonisierte Weltgemeinschaft gezwungen werden soll.

Seit dem bahnbrechenden Werk von KÖPPEN und WEGENER *„Die Klimate der geologischen Vorzeit"* (1924), das zwischenzeitlich in den politisierten Klimawissenschaften bedauerlicherweise „verloren gegangen worden" ist, werden in den Geowissenschaften die paläoklimatischen Schwankungen auf Variationen der Erdbahn (Milanković-Zyklen) (51) zurückgeführt, weil zwischen beiden eine zwingende Übereinstimmung im Frequenzbereich besteht. Diese Erkenntnis setzt sich bis in die aktuelle geowissenschaftliche Literatur hinein fort, beispielsweise bei Shackleton (52), Imbrie (53) und Laskar (54).
Allerdings ist die absolute Veränderung der Sonneneinstrahlung über diese orbitalen Zyklen vom Betrag her zu klein, um solche globalen Temperaturwechsel direkt verursachen zu können. Aber ein durch die orbitalen Zyklen gesteuerter Eisalbedoeffekt als selbstverstärkender Sekundäreffekt wäre durchaus in der Lage, über kleine Veränderungen der Sonneneinstrahlung einen entscheidenden Einfluss auf das globale Klima auszuüben. Dieser Effekt kann in seiner Wirkung beispielsweise mit einem elektronischen Verstärker verglichen werden, der ein von einem Radio empfangenes schwaches Tonsignal schließlich hörbar macht. In der neueren klimawissenschaftlichen Literatur gibt es dagegen immer wieder

Ansätze, Kohlendioxid (CO_2) als den eigentlichen natürlichen Klimaantrieb auf unserer Erde zu etablieren, zuletzt von SHAKUN et al. (2015). Deren eigene Frequenzanalyse einer "*ice-volume CO_2 gain function*" bestätigt aber die enge Korrelation zwischen paläoklimatischen Veränderungen und den orbitalen Zyklen. Damit liefern SHAKUN et al. selbst einen unfreiwilligen Nachweis für den oben genannten Eisalbedoeffekt.

In der Abbildung unten wurde der theoretisch erforderliche CO_2-Gehalt der Paläoatmosphäre für einen primären CO_2-Klimaantrieb aus den Vostok-Temperaturproxies von PETIT et al. (2001) abgeleitet (**blaue Kurve**). Dazu wurde für CO_2 die **maximale Klimasensitivität des IPCC von 4,5 °C** (IPCC 2013: 1.5°C to 4.5°C @ high confidence) für die Verdoppelung des atmosphärischen CO_2-Gehaltes zugrunde gelegt, beginnend bei einer Temperaturdifferenz von 0 °C mit dem vorindustriellen CO_2-Gehalt von 280 ppm. Die **rote Kurve** zeigt dann die tatsächlichen CO_2-Messwerte für die Paläoatmosphäre aus den Vostok Eiskernen von BARNOLA et al. (2003).

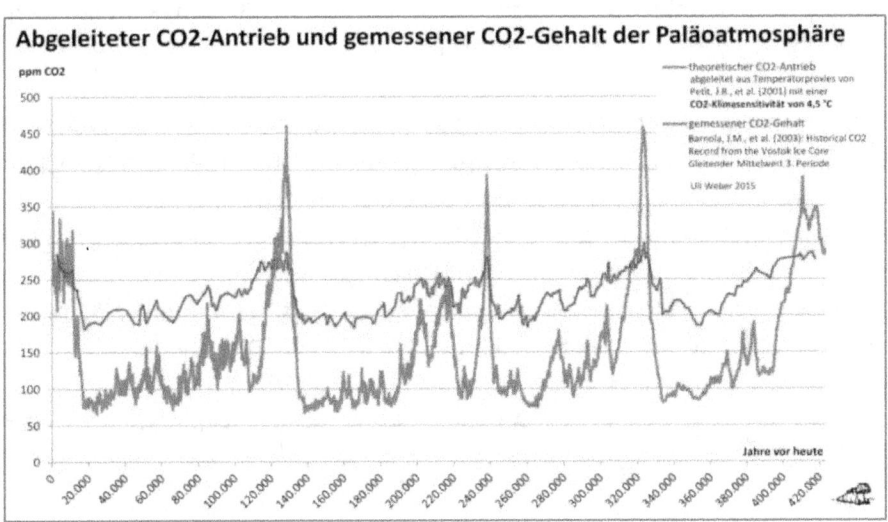

Abbildung: Berechneter CO_2-Antrieb aus Temperatur-Proxies (blau) und tatsächlich gemessener paläo-atmosphärischer CO_2-Gehalt aus den Vostok Eiskernen (rot)

Ein natürlicher CO_2-Antrieb für den Temperaturverlauf des Paläoklimas hätte also mindestens eine Schwankung des atmosphärischen CO_2-Gehaltes zwischen etwa 65 und 460 ppm erfordert, was die gemessenen CO_2-Gehalte der Paläoatmosphäre mit etwa 180 bis 300 ppm CO_2 aber nicht abbilden; plausiblere Werte für die Klimasensitivität von CO_2 unter 4,5 [°C/2xCO_2] würden die erforderliche Schwankungsbreite für einen rechnerischen CO_2-Klimaantrieb sogar noch deutlich erhöhen.

Damit kann also CO_2 eindeutig nicht der natürliche Paläo-Klimaantrieb sein, wie uns die politisierte Klimawissenschaft ständig einzureden versucht.

Abschätzung mit aktuellen Messdaten: Im Zeitraum zwischen 1880 und 2012 hatte sich der atmosphärische CO_2-Gehalt von 280 ppm auf 394 ppm erhöht (NOAA). Für einen alleinigen anthropogenen CO_2-Klimaantrieb seit 1880 ergibt eine IPCC-konforme Berechnung über die genannten Eckwerte mit der **minimalen CO_2-Klimasensitivität des IPCC von 1,5 [°C/2xCO_2]** einen Temperaturanstieg von 0,74 °C. Der vom IPCC (2014) für denselben Zeitraum angegebene Anstieg der globalen oberflächennahen Temperatur beträgt 0.85 °C und schließt bereits den Effekt aller anthropogen erzeugten klimawirksamen Spurengase und deren atmosphärische Rückkopplungseffekte ein.

Dieser gemessene Temperaturanstieg von 0.85 °C zwischen 1880 und 2012 enthält aber auch noch den Einfluss des natürlichen (Paläo-) Klimaantriebs für diesen Zeitraum.
Wenn man jetzt die Aussage des IPCC ernst nimmt, der anthropogene CO_2-Ausstoß sei zu mehr als der Hälfte die Ursache der gegenwärtigen Klimaerwärmung seit 1950, dann beträgt also im Umkehrschluss der natürliche Klimaeinfluss weniger als die Hälfte dieser Erwärmung: Die tatsächliche CO_2-Klimasensitivität muss daher bei mehr als der Hälfte von 1,5 °C pro Verdoppelung des atmosphärischen CO2-Anteils liegen, also über 0,75 °C und deutlich unter 1,0 °C.

Kohlendioxid (CO_2) hat also eine Klimasensitivität von deutlich weniger als 1,0 [°C/2xCO_2] und kann damit weder aktuell noch für die geologische Vergangenheit der bestimmende Klimaantrieb für die Temperaturschwankungen auf unserer Erde sein. Die Klimawissenschaft ist daher ernsthaft aufgefordert, endlich den bisher vernachlässigten natürlichen Klimaantrieb zu quantifizieren, um den anthropogenen Klimaeinfluss in ihren Klimamodellen überhaupt korrekt abbilden zu können.

Literatur:

BARNOLA, J.-M., D. RAYNAUD, C. LORIUS, and N.I. BARKOV, 2003. Historical CO2 record from the Vostok ice core. In Trends: A Compendium of Data on Global Change.
Carbon Dioxide Information Analysis Center, Oak Ridge National Laboratory, U.S. Department of Energy, Oak Ridge, Tenn., U.S.A.

IPCC (2013): CLIMATE CHANGE 2013 - The Physical Science Basis - Summary for Policymakers
http://www.ipcc.ch/pdf/assessment-report/ar5/wg1/WGIAR5_SPM_brochure_en.pdf
Letzter Zugriff am 13.12.2015
Referenz: D.2 Quantification of Climate System Responses

IPCC (2014): Climate Change 2014 - Synthesis Report - Summary for Policymakers
http://www.ipcc.ch/pdf/assessment-report/ar5/syr/AR5_SYR_FINAL_SPM.pdf
Letzter Zugriff am 11.12.2015
Referenz: SPM 1.1 Observed changes in the climate system

KÖPPEN, W., WEGENER, A.: Die Klimate der geologischen Vorzeit, Borntraeger, Berlin 1924

NOAA Global Greenhouse Gas Reference Network - Trends in Atmospheric Carbon Dioxide
Recent Monthly Average Mauna Loa CO2 -
http://www.esrl.noaa.gov/gmd/ccgg/trends/
Letzter Zugriff am 11.12.2015

PETIT, J.R., et al., 2001, Vostok Ice Core Data for 420,000 Years
IGBP PAGES/World Data Center for Paleoclimatology Data Contribution Series #2001-076 NOAA/NGDC Paleoclimatology Program, Boulder CO, USA.

SHAKUN, Jeremy D., CLARK, Peter U., FENG HE, LIFTON, Nathaniel A., ZHENGYO LIU and OTTO-BLIESNER, Bette L.: Regional and global forcing of glacier retreat during the last deglaciation
Nat. Commun. 6:8059 doi: 10.1038/ncomms9059 (2015)

Veröffentlicht auf KalteSonne am 14. Dezember 2016:

http://www.kaltesonne.de/die-tatsachliche-klimawirksamkeit-von-co2-liegt-deutlich-unter-10-grad-pro-verdoppelung-des-atmospharischen-co2-gehaltes/

Es werden in den Temperaturbetrachtungen für unsere Erde immer wieder Abstraktionen für den momentanen thermischen Gleichgewichtszustand und die zeitlichen Verläufe von Wärmespeicherung und –transport durcheinandergeworfen:

Versuchen wir mal ein Gedankenexperiment: Es gibt gar keine Erde!

Dann verbringen wir zu einem Zeitpunkt "0" ein Duplikat unserer Erde aus einem Dunkelkammer-Weltraumlabor an den aktuellen Standort unserer Erde. Dieses Duplikat soll eine voll funktionsfähige Erde in einem „tiefgefrorenen" Zustand mit einer Eigentemperatur von etwa −240 Grad Celsius darstellen. Diese Temperatur wird durch den natürlichen Wärmefluss aus dem Erdinneren bestimmt und liegt etwa 33 Grad über dem absoluten Nullpunkt:

- Nun setzen wir dieses Duplikat unserer Erde der Sonnenstrahlung aus und messen die Zeit „A", bis die aktuelle Temperaturverteilung auf unserer Erde erreicht ist und alle atmosphärischen und ozeanischen Zirkulationen mit Wärmeenergie „aufgeladen" sind. Dieser Zeitpunkt „A" ist gekennzeichnet durch ein erstmaliges Gleichgewicht von eingestrahlter und abgestrahlter Energiemenge.

- Nachdem dieser Gleichgewichtszustand erreicht wurde, verbringen wir das Duplikat wieder ins Labor und messen den Zeitraum "B", bis wieder die ursprüngliche Ausgangstemperatur von etwa −240 Grad Celsius herrscht.

Wir werden herausfinden, dass beide Zeiten "A" und "B" größer als "Null" sind. "A" repräsentiert ein Maß für die Wärmekapazität unserer Erde, während "B" ein Maß für die Qualität der thermischen Isolierung unserer Erde gegen das Weltall darstellt. Das Stefan-Boltzmann-Gesetz gilt aber nur in einem thermischen Gleichgewichtszustand zwischen Strahlung und Temperatur. In einem solchen Gleichgewichtszustand spielt die Wärmekapazität keine Rolle und die Abstrahlung ist dem Betrag nach genau so groß wie die Einstrahlung. Daher können wir bei der Berechnung einer globalen Durchschnittstemperatur im Strahlungsgleichgewicht die Wärmekapazität und die Abstrahlung ignorieren.

Die einzige temperaturbestimmende Einflussgröße im thermischen Gleichgewichtszustand auf unserer Erde ist damit die eingestrahlte Energie von der Sonne in [W/m²] auf der Tagseite, und zwar zur Zeit t mit (A < t < B). Wie groß der Energieinhalt des Systems Erde dabei wirklich ist und wie die tatsächliche Abstrahlung erfolgt, ist dafür unerheblich.

Es gibt im Gleichgewichtsfall nur zwei unabhängige Variable, die Bruttostrahlungsleistung der Sonne (=Solarkonstante) und die Albedo der Erde, über die sich die temperaturrelevante Nettostrahlungsleistung der Sonne herleitet. Da die Schwankungen der Solarkonstanten relativ gering sind, bleibt also nur die Albedo der Erde (a) als wesentliche Steuerungsvariable für die klimatischen Schwankungen auf unserer Erde übrig.

Nachweis: Die Sonne kann unser Klima sehr wohl beeinflussen, denn sie hat es schon immer getan

Zusammenfassung einer englischsprachigen Veröffentlichung von Uli Weber über den Zusammenhang zwischen Erdalbedo und paläoklimatische Zyklen. Dieser Artikel ist im Original in den Mitteilungen der Deutschen Geophysikalischen Gesellschaft Nr.3/2015 unter dem Titel "**An Albedo Approach to Paleoclimate Cycles**" erschienen und zu finden auf:
https://dgg-online.de/publikationen/mitteilungen/

Ein Einfluss unserer Sonne auf die aktuelle Klimaentwicklung unserer Erde wird von den politischen Klimawissenschaften rigoros abgelehnt. Folgerichtig werden auch die unterschiedlichen Variationen der Sonneneinstrahlung in den Computermodellen der Klimaforschung nicht abgebildet. Obwohl für paläoklimatische Temperaturproxies und die orbitalen Schwankungen der Erdumlaufbahn (Milanković-Zyklen) vergleichbare Frequenzspektren nachgewiesen sind, ignoriert man in den politischen Klimawissenschaften den natürlichen Paläo-Klimaantrieb unserer Erde und versteift sich dort weiterhin auf die alleinige Klimawirksamkeit des anthropogenen CO_2-Ausstosses.

Paläoklimatische Zyklen: Die aus den Vostok-Eiskernen abgeleiteten Temperaturproxies [1] schwanken zwischen +3,23 und − 9,39 °Celsius gegen die globale oberflächennahe Durchschnittstemperatur (NST) zum Zeitpunkt der Probennahme und sind in Abbildung 1 dargestellt.

Weder die natürlichen Schwankungen der Sonnenaktivität von etwa 0,1 % noch die geometrischen Veränderungen der Solarkonstanten durch die orbitalen Erdbahnzyklen mit ebenfalls 0,1 % Schwankung (Schwarz [2]) bieten eine Erklärung für den erforderlichen natürlichen Paläo-Klimaantrieb. Die natürlichen Energiequellen der Erde scheiden von vorn herein als Ursache aus, lediglich Vulkanausbrüche können für einige Jahrzehnte klimabestimmend sein.

Wenn man nun die Vostok-0°Celsius-Temperatur mit der aktuellen globalen Durchschnittstemperatur (NST) von 14,83° Celsius gleichsetzt, erhält man eine Variabilität der absoluten Vostok Proxytemperaturen zwischen 5,44° und 18,06° Celsius.

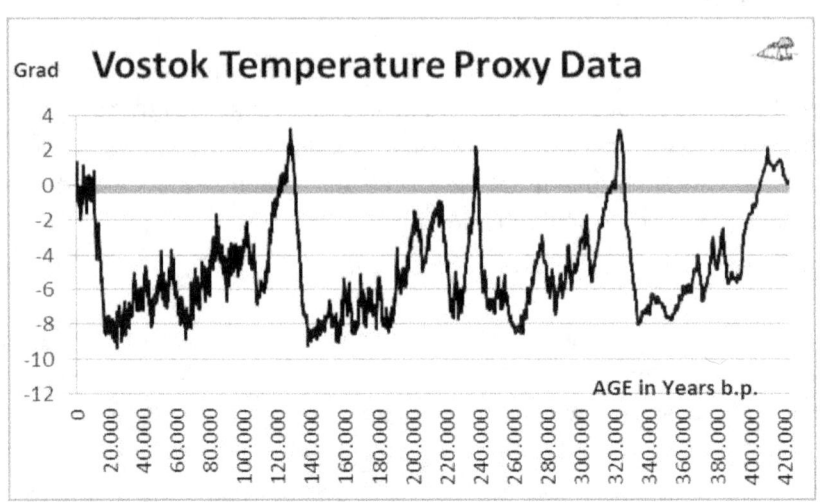

Abbildung 1: Isochrone Interpolation der Temperaturproxies aus den Vostok-Daten [1]

Und die sogenannten klimaaktiven Gase Wasserdampf, CO_2 und Methan sind passive Quellen, die an die effektive Sonneneinstrahlung gebunden sind. So hätte beispielsweise bei einer CO_2-Klimasensitivität von 4,5 Grad pro Verdoppelung der gemessene atmosphärische CO_2-Gehalt in den vergangenen 420.000 Jahren zwischen etwa 140 ppm und 560 ppm schwanken müssen, um die Variabilität der Vostok-Temperaturproxies damit erklären zu können; tatsächlich schwanken diese Werte aber zwischen etwa 180 und 300 ppm.

Klimasensitivität der Sonnenstrahlung: Douglas und Clader [3] geben die Klimasensitivität k der Sonneneinstrahlung aus eigenen Versuchen zu

$$\Delta T / \Delta F = k = 0{,}11 +/- 0{,}02 \ [°Celsius / Wm^{-2}]$$ an.

Damit ergibt sich für die Vostok-Temperaturproxies eine Schwankungsbreite der Sonneneinstrahlung von

$$\Delta F_{V@NST} = +29{,}36 \ [W/m^2] \text{ und } -85{,}36 \ [W/m^2]$$

um die globale NST von 14,83°Celsius. Dieser Betrag stimmt in etwa mit den Berechnungen von Lascar et al. [4] überein, die für 65°N / 120°E eine Schwankung der Sonneneinstrahlung von bis zu +/- 50 [W/m²] über orbitale Zyklen angeben.

Aus der Solarkonstanten von **1.367 [W/m²]** und der Albedo von Douglas und Clader [3] mit *a* = **0,3016** ergibt sich eine reflektierte/refraktierte Energiemenge von **412,29 [W/m²]**, die nicht zur Klimaentwicklung beiträgt. Daraus wiederum lässt sich ein Beitrag von **13,67 [W/m²]** pro Prozent Albedo ermitteln und, umgerechnet auf die Extremwerte der absoluten Vostok-Temperaturproxies, eine Schwankungsbreite für die Albedo der Erde von:

$F_{@amin}$ = 412,29 - 29,36 [W/m²] = 382,93 [W/m²] mit a_{min} = **0,2801**

$F_{@amax}$ = 412,29 + 85,36 [W/m²] = 497,65 [W/m²] mit a_{max} = **0,3640**

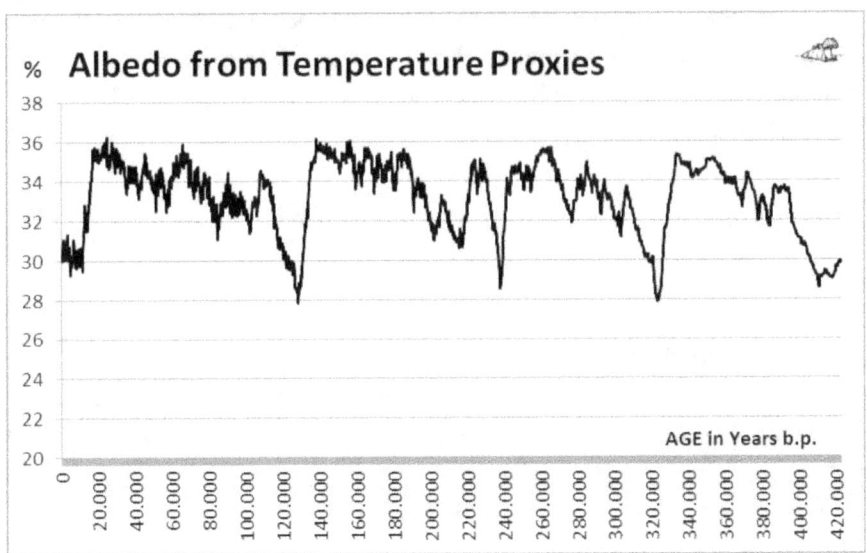

Abbildung 2: Die Varianz der Erdalbedo abgeleitet aus den Vostok Temperaturproxies [1]

Die orbitalen Milanković-Zyklen stellen die einzige bekannte unabhängige Zeitreihe dar, die mit ihrem Frequenzspektrum die Schwankungen der paläoklimatischen Temperaturproxies für die letzten 420.000 Jahre in etwa abbilden können.

Die Albedo unserer Erde ist dagegen die einzige bekannte Variable, die über eine Beeinflussung des reflektierten Anteils der Sonnenstrahlung die dafür notwendigen Schwankungen des solaren Klimaantriebs verursachen kann. Die Schwankungen der Erdbahn (Milanković-Zyklen) verursachen eine langperiodische Variabilität der sommerlichen Sonneneinstrahlung von +/- 50 Watt pro Quadratmeter in mittleren geographischen Breiten (Lascar et al. [4]). Eine dadurch verursachte selbstverstärkende Albedoänderung der Erde zwischen -2,15% und +6,24 Prozent kann dann sehr wohl die Temperaturschwankungen der Eiszeitalter erklären, wie sie durch die vorliegenden Proxydaten nachgewiesen werden.

Es ist also überhaupt nicht einzusehen, dass die natürliche Abhängigkeit zwischen globaler Durchschnittstemperatur und Erdalbedo keinerlei Rolle für die aktuelle Klimaentwicklung spielen soll, zumal das aktuelle Schwinden von Gletschern und Eisfeldern ein ständig präsentes Thema des medialen Klimaalarms ist. Ein solcher Verlust von Gletschern und Eisfeldern reduziert aber unmittelbar die Albedo der Erde und führt damit zu einer verstärkten Wirkung der Sonneneinstrahlung, die wiederum unmittelbar die globale Durchschnittstemperatur erhöht - und zwar ganz ohne jegliche Beteiligung von Kohlenstoffdioxid (CO_2)...

Literatur

[1] Vostok ice-core data [NOAA]:
Petit, J.R., et al., 2001, Vostok Ice Core Data for 420,000 Years
IGBP PAGES/World Data Center for Paleoclimatology Data Contribution Series #2001-076.
NOAA/NGDC Paleoclimatology Program, Boulder CO, USA
Letzter Zugriff am 4. April 2012

[2] Die Milankowitsch-Zyklen by Oliver Schwarz:
Calculation of Changes in Solar Forcing from Orbital Variations of the Earth
http://www.physik.uni-siegen.de/didaktik/materialien_offen/milankowitsch.pdf
Letzter Zugriff am 7. August 2013

[3] Douglas and Clader (2002): Climate sensitivity of the Earth to solar irradiance GEOPHYSICAL RESEARCH LETTERS, VOL. 29, NO. 16, 10.1029/2002GL015345, 2002
http://www.pas.rochester.edu/~douglass/papers/DouglassClader_GRL.pdf
Letzter Zugriff am 7. August 2013

[4] Laskar et al.: Orbital, precessional, and insolation from -20Myr to +10Myr Astronomy & Astrophysics 270, 522-533 (1993) – Figure 5
ftp://ftp.cira.colostate.edu/ftp/Raschke/Book/Kidder/BOOK-CSU/Chapter%2010%20-%20Radiation-Budget/Lit-Insolatons/Laskar-AstrAph04-insolation.pdf - Letzter Zugriff am 7. August 2013

Veröffentlicht auf KalteSonne am 1. Dezember 2016

http://www.kaltesonne.de/nachweis-die-sonne-kann-unser-klima-sehr-wohl-beeinflussen-denn-sie-hat-es-schon-immer-getan/

Eine Hypothese für den natürlichen Klimaantrieb:

Über welchen Mechanismus hängen Sonne und Klima zusammen?

In den letzten Jahren mehren sich die wissenschaftlichen Arbeiten mit zustimmenden (55) Ergebnissen zum direkten Klimaeinfluss der Sonne, wie er in dem Buch „Die kalte Sonne" (56) (2012) von Vahrenholt und Lüning erstmals zusammenfassend dargestellt worden war. Damals allerdings hagelte es medialen Kritik bis hin zu einer öffentlichen Stigmatisierung der Autoren als „Klimawandelskeptiker" durch eine Bundesbehörde (57).

Aber neben der Sonne als primäre Energiequelle für unser Klima gibt es tatsächlich keine Kraft auf der Erde, die dem Betrag nach überhaupt für Klimaschwankungen aufkommen kann:

- Die primäre Energie, die unsere Erde zur Klimagenese beisteuern kann, ist vernachlässigbar und besteht aus Erdwärme, Gezeitenreibung und sekundären Auswirkungen der Plattentektonik.

- Lediglich Vulkanausbrüche sind in der Lage, das Wettergeschehen auf unserer Erde kurzfristig (deutlich kürzer als 30 Jahre) zu beeinflussen, und zwar nicht etwa über ihren Energieeintrag, sondern - man höre und staune - über eine Beeinflussung der Sonneneinstrahlung in der höheren Atmosphäre durch Aerosole und Ascheartikel.

- Und den sogenannten „klimaaktiven" Gasen wird zwar vom IPCC eine „Klimawirksamkeit" in [W/m^2] zugeschrieben, diese „Klimawirksamkeit" besteht aber lediglich in der passiven Aufnahme von IR-Strahlung und stellt damit keinerlei zusätzlich verfügbare aktive Energiequelle dar.

Der erforderliche Umfang an Leistungsveränderungen für merkliche Temperatureinflüsse kann also in Ermangelung von Alternativen nur aus der Primärquelle Sonne selbst abgeleitet werden. Aber die absoluten Schwankungen dieser Primärquelle, gleichgültig, ob über die orbitalen Zyklen (Milanković-Zyklen) oder über die solaren Zyklen selbst, sind mit durchschnittlich etwa 1 W/m^2 viel zu gering, um dem Betrag nach für die nachgewiesenen Klimaschwankungen aufkommen zu können.

Die Klimasensitivität der Sonnenstrahlung *k* geben Douglas und Clader [1] aus eigenen Versuchen mit

$\Delta T / \Delta F = k = 0{,}11 +/- 0{,}02$ [°Celsius / W/m^{-2}] an,

mit: ΔT = Veränderung der Temperatur und ΔF = Veränderter Energieeintrag.

Ganz grob gerechnet werden also etwa zusätzliche 10 [W/m²] Sonneneinstrahlung benötigt, um die Durchschnittstemperatur auf der Erde auch nur um ein Grad Celsius zu erhöhen, also in etwa das Zehnfache der tatsächlichen Schwankung der Solarkonstanten über solare oder orbitale Zyklen.

Hier müsste man jetzt zum ersten Mal abbrechen - wenn es die Eiszeiten nicht gegeben hätte.

Diese nachgewiesenen paläoklimatischen Schwankungen werden seit Köppen und Wegener [2] den orbitalen Milanković-Zyklen zugeschrieben. Aber auch diese orbitalen Zyklen resultieren lediglich in Schwankungen der durchschnittlichen solaren Einstrahlung von etwa 1 [W/m²] (Schwarz [3]), was die Gesamtproblematik nicht wirklich auflöst, denn die eiszeitlichen Temperaturschwankungen betragen etwa +3 Grad und -9 Grad gegenüber der gegenwärtigen Durchschnittstemperatur. Für eine solche nachgewiesene Temperaturvarianz wären folglich Veränderungen der Strahlungsleistung zwischen etwa +30 [W/m²] und -85 [W/m²] gegenüber der aktuellen Solarstrahlung erforderlich.

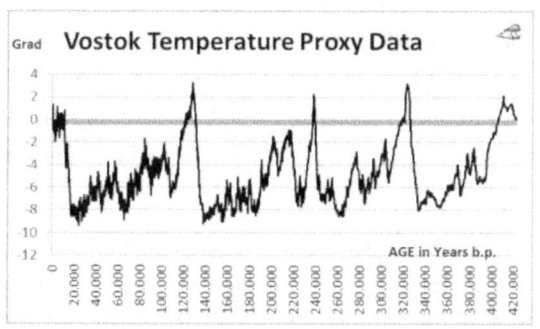

Widerspruch: Wir haben an dieser Stelle also den Widerspruch, dass keine primäre klimawirksame Kraft existiert, die direkt mit etwa +30/-85 [W/m²] auf die Temperaturgenesse unserer Erde einwirken kann, Temperaturschwankungen zwischen etwa +3 Grad und -9 Grad gegenüber der gegenwärtigen globalen Durchschnittstemperatur aber sehr wohl paläoklimatisch nachgewiesen worden sind.

Der eigentliche Wirkmechanismus zwischen den solaren Schwankungen und den Schwankungen der globalen Durchschnittstemperatur ist also noch immer nicht direkt nachgewiesen worden. Es gibt aber eigentlich nur noch eine einzige Lösung für dieses Problem, nämlich eine sekundäre Steuerung der solaren Einstrahlung durch das sogenannte Albedo-Forcing der Erde mittels Reflexion von Teilen der primären solaren Einstrahlung. Der Autor hatte bereits rein rechnerisch gezeigt, dass über eine Modulation des temperaturwirksamen Anteils der Sonneneinstrahlung ein direkter Einfluss auf die Temperaturgenese der Erde möglich wäre, nachzulesen beispielsweise hier auf KalteSonne (58) oder im Original (59) bei der Deutschen Geophysikalischen Gesellschaft (ab Seite 9). In der originären Veröffentlichung wurde auch das Beispiel eines elektronischen Verstärkers als erklärende Beschreibung für das Albedo-Forcing genannt, und ein solcher Wirkmechanismus würde natürlich nicht nur für große Eiszeiten gelten, sondern auch für kleine.

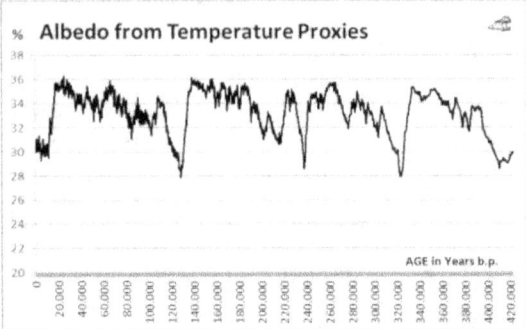

Die kurzwellige Sonneneinstrahlung kann auf unserer Erde nämlich nur über eine Umwandlung in infrarote Strahlung temperaturwirksam werden. Wenn nun eine geringe Abschwächung der solaren Einstrahlung zu einer Ausdehnung von Schnee- und Eisfeldern führt, dann reflektieren diese Schnee- und Eisfelder wiederum die kurzwellige Sonneneinstrahlung. Im Ergebnis wird durch diese Rückkopplung die Temperaturwirksamkeit der Sonneneinstrahlung noch weiter eingeschränkt. Das Wirkprinzip eines solchen Albedo-Forcings (Abbildung 1) kann man sich wie eine Elektronenröhre vorstellen:

Wenn man bedenkt, dass im Mittel (die Breitenabhängigkeit der Sonneneinstrahlung mit dem Cosinus einmal außer Acht lassend) auf den Schnee- und Eisflächen der Tagseite unserer Erde ein Großteil der dort auftreffenden solaren Einstrahlung klimaunwirksam reflektiert wird, dann stellen solche differentiell zunehmenden oder abnehmenden Schnee- und Eisflächen einen ganz erheblichen Eingriff in den Klimamotor unserer Erde dar. Wenn die reflektierte Strahlungsleistung dann nämlich in der Strahlungsbilanz fehlt, wird es noch kälter und die Flächen wiederum größer und so weiter – oder umgekehrt, wenn diese Flächen schmelzen...

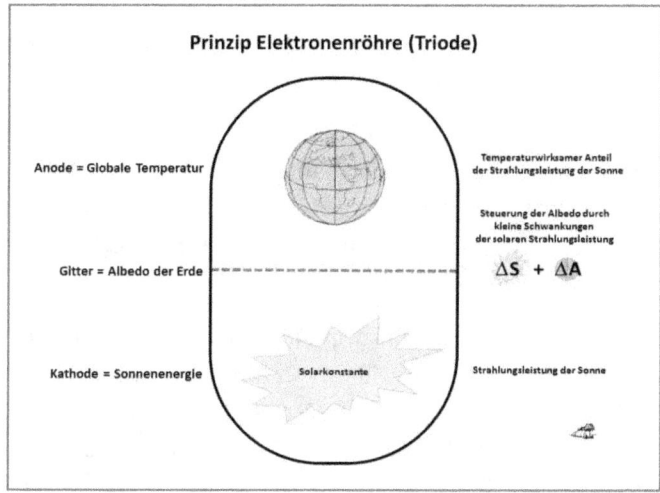

Abbildung 1:

Erklärung für die Wirkungsweise des Albedo-Forcings am Analogon einer Verstärkerröhre

Und das ist vordergründig schon wieder einmal eine Sackgasse. Denn wir haben hier einen ganz neuen klimatischen Kipp-Punkt entdeckt, den es in der geschichtlich und paläoklimatisch niedergelegten Klimahistorie unserer Erde niemals gegeben hat – von der immer noch diskutierten „Snowball Earth"-Hypothese einmal abgesehen. Denn die durch Klima-Proxies belegten eiszeitlichen Temperaturschwankungen haben niemals zu einer klimatischen „Resonanzkatastrophe" geführt.

Und hier müsste man zum zweiten Mal abbrechen - wenn es die Eiszeiten nicht gegeben hätte.

Die paläoklimatischen Eiszeitalter sind nämlich wissenschaftlich nachgewiesen und erfordern einen klimawirksamen Mechanismus, der sowohl einen erheblichen Verlust/Anstieg an klimawirksamer Solarenergie als auch ein „Selbstverlöschen" nach dem jeweiligen Abklingen der zugrunde liegenden Ursache zu erklären vermag.

Halten wir bis hierhin also noch einmal fest:

- o Es hat nachweislich paläoklimatische Schwankungen von etwa +3° und -9° gegenüber der gegenwärtigen globalen Durchschnittstemperatur gegeben.

- Die absoluten Schwankungen der Sonneneinstrahlung als unserer Primärquelle sind viel zu gering, um dem Betrag nach für diese nachgewiesenen Klimaschwankungen aufkommen zu können, und zwar gleichgültig, ob nun über die orbitalen (Milanković-) Zyklen oder über die solaren Zyklen selbst.

- Es gibt also keinen primär wirksamen Klimamechanismus, der die für solche eiszeitlichen Klimaschwankungen notwendigen Veränderungen in der Größenordnung von etwa +30 [W/m²] bis -85 [W/m²] gegenüber der aktuellen Solarstrahlung erzeugen könnte.

- Der erforderliche Umfang an Leistungsveränderungen für merkliche Temperatureinflüsse kann in Ermangelung von primär wirksamen Alternativen nur als Sekundäreffekt aus der Primärquelle Sonne selbst abgeleitet werden, wobei sich das Albedo-Forcing als ein solcher Mechanismus anbieten würde.

- Und schließlich: Der betreffende Klimamechanismus endet paläoklimatisch niemals in einer „Resonanzkatastrophe" und muss daher zwingend in einem neuen Gleichgewichtszustand zum Erliegen kommen.

Ergo: Für die erforderliche Veränderung der temperaturwirksamen Solarstrahlung zur Erklärung der eiszeitlichen Temperaturschwankungen kommt dem Betrag nach nur die Albedo der Erde als sekundäre Steuergröße in Frage. Die Albedo der Erde beträgt aktuell etwa 0,3, das heißt 30 Prozent der Sonneneinstrahlung werden temperaturunwirksam reflektiert. Die MiniMax-Eckwerte für den Wirkmechanismus eines Albedo-Forcings unserer Erde wären also:

Albedo=0=Schwarzer Körper entsprechend 1.367 [W/m²] temperaturwirksamer Einstrahlung und

Albedo=1=Diskokugel entsprechend 0 [W/m²] temperaturwirksamer Einstrahlung.

In Summe ließen sich also theoretisch die kompletten 1.367 [W/m²] Sonneneinstrahlung über die Albedo der Erde temperaturwirksam steuern.

Abschließende Frage: Wie könnte dann ein begrenzt klimawirksamer Mechanismus zwischen Albedo-Forcing und der globalen Durchschnitttemperatur aussehen?

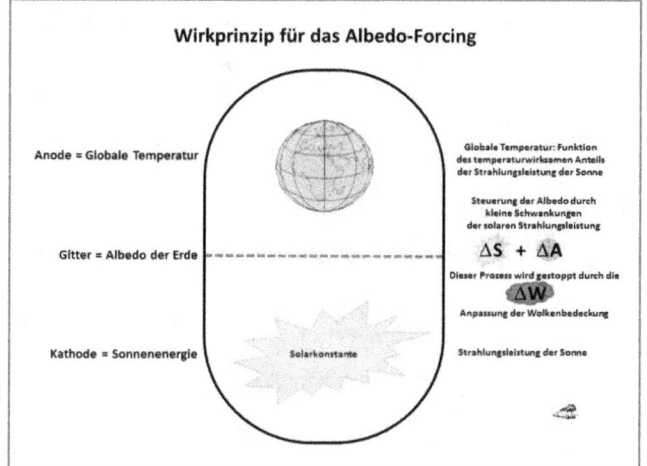

Abbildung 2: Mögliche Wirkweise des Albedo-Forcings

Arbeitshypothese: Was wäre denn, wenn das sekundäre Albedo-Forcing (Abbildung 2) als Wirkmechanismus nach Abklingen des primär ursächlichen Eingangssignals lediglich 10 Jahre Zeit hätte, bis durch eine Anpassung der globalen Wolkenbedeckung ein neuer klimatischer Gleichgewichtszustand erzwungen werden würde?

Gegenargument: Die globale Wolkenbedeckung kann weitaus flexibler auf eine Strahlungsveränderung der Sonneneinstrahlung reagieren als die Schnee- und Eisbedeckung.

Also: Vielleicht ist der Wirkmechanismus ja auch genau umgekehrt, die globale Wolkenbedeckung reagiert sofort auf eine Veränderung und das globale Klima wird 10 Jahre nach Abklingen dieser ursächlichen Veränderung durch eine sukzessive Anpassung der Schnee- und Eisfelder stabilisiert...

Danach müsste man in Abbildung 2 einfach nur ΔA und ΔW austauschen (Abbildiug 3): Damit hätten wir das langsam wirkende Albedo-Forcing und die schnelle Reaktion über die globale Wolkenbedeckung (Svensmark) zu einem sinnfälligen Wirkmechanismus für klimatische Veränderungen analog zur Notch-Delay Theorie zusammengeführt.

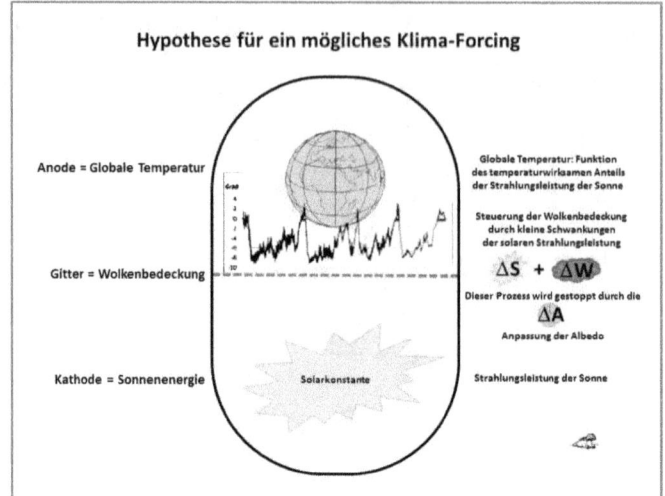

Abbildung 3: Hypothese für ein globales Klima-Forcing

Die **abschließende Hypothese** für die Genese natürlicher Klimaschwankungen lautet also:

Klimaimpulse durch eine geringfügige Veränderung der solaren Einstrahlung werden von der globalen Wolkenbedeckung unmittelbar in eine Temperaturveränderung umgesetzt. Dieser Prozess endet 10 Jahre nach Abklingen des Impulses durch eine entsprechende Anpassung der Erdalbedo mittels einer Veränderung der globalen Schnee- und Eisbedeckung.

Argument: Das Stefan-Boltzmann-Gesetz beschreibt den thermischen Gleichgewichtszustand zwischen Strahlung und Temperatur. Eine Auflösung nach T^4 ergibt dann:

$$T^4 = (1-a) * S/\sigma \quad \text{mit} \quad \text{Albedo} \ (0 < a < 1)$$

Mit der Sonneneinstrahlung S als einziger temperaturwirksamer Kraft auf unserer Erde wird sofort ersichtlich, dass allein die Albedo a in der Lage wäre, die paläoklimatisch erforderlichen Strahlungsschwankungen im Umfang von +30 [W/m²] und -85 [W/m²] zu steuern.

So, das war's jetzt erstmal, vielleicht hat ja irgendjemand eine Idee, wie es weitergehen könnte...

Der „Werkzeugkasten" für einen Albedo-Forcing Mechanismus, der zwingend in einem neuen klimatischen Gleichgewichtszustand konvergieren muss, enthält bisher:

Svensmark-Effekt und Wolkenbildung: Eine Abschwächung des solaren Magnetfeldes bei einer schwachen Sonne soll mit einer verstärkten Wolkenbildung in der Erdatmosphäre durch kosmische Strahlung einhergehen und zu einer Verminderung der globalen Durchschnitttemperatur führen:

http://www.kaltesonne.de/neues-vom-svensmark-wolken-solarverstarker/

Der Svensmark-Effekt wurde vom CERN mit dem CLOUD-Experiment nachgewiesen:

https://press.cern/sites/press.web.cern.ch/files/file/old/CLOUD%20press%20briefing.pdf

Höhere Temperaturen erzeugen weniger Wolken, weniger Wolken vermindern die Albedo und mehr Sonnenstrahlung wird temperaturwirksam – und umgekehrt führen niedrige Temperaturen zu einer erhöhten Wolkenbedeckung mit dem gegenteiligen Ergebnis.

http://www.kaltesonne.de/erwarmung-durch-weniger-wolken-oder-weniger-wolken-durch-erwarmung/

http://www.kaltesonne.de/wichtiger-etappenerfolg-wolken-als-klimaverstarker-der-atlantischen-ozeanzyklen-bestatigt/

Dabei verlaufen die Klimaeinflüsse von hohen und niedrigen Wolken offenbar diametral:

http://wiki.bildungsserver.de/klimawandel/index.php/Wolken

Die Notch-Delay Theorie: Die Notch-Delay Theorie von Evans baut auf einer Transfer-Funktion auf und erklärt sich über eine verzögerte Temperaturwirkung solarer Strahlungsschwankungen.

http://www.kaltesonne.de/keine-gemeinsamen-schwingungen-dr-david-evans-notch-delay-theorie-erster-teil/

http://www.kaltesonne.de/eine-botschaft-fur-die-zukunft-dr-david-evans-notch-delay-theorie-zweiter-teil/

Zeitliche Verzögerung bei der Einstellung eines Temperaturgleichgewichtes:
Usoskin et al. beschreiben eine Zeitverzögerung von 10 Jahren zwischen solaren Strahlungsveränderungen und der Durchschnittstemperatur auf der Nordhalbkugel.

http://www2.mps.mpg.de/dokumente/publikationen/solanki/c153.pdf

http://cc.oulu.fi/~usoskin/personal/2004ja010964.pdf

Literaturnachweis:

[1] Douglas and Clader (2002): Climate sensitivity of the Earth to solar irradiance GEOPHYSICAL RESEARCH LETTERS, VOL. 29, NO. 16, 10.1029/2002GL015345, 2002

http://www.pas.rochester.edu/~douglass/papers/DouglassClader_GRL.pdf - Letzter Zugriff am 7. August 2013

[2] Köppen und Wegener "Die Klimate der geologischen Vorzeit" (Bornträger 1924)

Ein Nachdruck mit englischer Übersetzung ist bei Schweizerbart erschienen:
https://www.schweizerbart.de/publications/detail/isbn/9783443010881/Koppen_Wegener_Die_Klimate_der_geologis

[3] Die Milankowitsch-Zyklen von Oliver Schwarz

http://www.physik.uni-siegen.de/didaktik/materialien_offen/milankowitsch.pdf
Letzter Zugriff am 7. August 2013

Veröffentlicht auf KalteSonne am 12. Februar 2017:

http://www.kaltesonne.de/hypothese-uber-welchen-mechanismus-hangen-sonne-und-klima-zusammen/

> *"..Und wer alt war, galt als weise,*
> *und wer dick war, galt als stark.*
> *Und den fetten Greisen glaubte man*
> *aufs Wort und ohne Arg."*
>
> Franz Josef Degenhardt: „In den guten alten Zeiten"

Naja, lieber Dichter, in den besseren neuen Zeiten sind nun also die alten weißen Männer das Feindbild. Erstaunlich ist tatsächlich, dass sich die Mehrheit der Kritiker am Klimaglauben aus der mittleren und älteren Generation rekrutiert. Beim CO_2-Paradigma handelt es sich ja um eine längst widerlegte Hypothese von Arrhenius, die beispielsweise für Koppen und Wegener bereits 1924 so indiskutabel war, sodass sie im Vorwort ihres Buches „Die Klimate der geologischen Vorzeit" eine Diskussion darüber ausdrücklich abgelehnt hatten. Man kann älteren Klimarealisten also kaum mangelnde geistige Flexibilität vorwerfen, sondern eher ein zu gutes Gedächtnis...

Klima-Revolution:

Ein atmosphärischer Treibhauseffekt ist nicht erkennbar!

Schlussgedanke: Die Menschheit steht am Scheideweg

Die gesellschaftliche Dimension des Klimaaberglaubens:
Warum die Lämmer schweigen – sie sind einfach noch viel zu satt   100

Die gesellschaftliche Dimension des Klimaaberglaubens:

Warum die Lämmer schweigen – sie sind einfach noch viel zu satt

Seit dem G7-Gipfel auf Schloss Elmau (2015) und dem Pariser COP 21 Klimagipfel (2015) ist das erklärte Ziel aller Regierungen dieser Welt eine globale Dekarbonisierung bis zum Jahre 2100, um unseren Planeten vor einer menschengemachten Klimakatastrophe (AGW) zu schützen. Diese Klimareligion wird vorgeblich von 97 Prozent aller Klimawissenschaftler auf der Welt unterstützt und eine globale Dekarbonisierung wird auch von religiösen Führern gefordert. **Und am 22. April 2016 haben dann die Repräsentanten von mehr als 170 Nationen bei der UN in New York den Klimavertrag für eine globale Dekarbonisierung unterzeichnet.**

Aber sind wir tatsächlich wegen einer menschengemachten Klimakatastrophe gezwungen, unsere westlichen Volkswirtschaften und damit unseren Lebensstandard durch eine Aufgabe unserer gegenwärtigen technologischen Basis zu zerstören? Der Mainstream der Klimawissenschaft verdächtigt Kohlenstoffdioxid (CO_2) aus dem industriellen Verbrauch von fossilen Energieträgern, den natürlichen Treibhauseffekt soweit zu verstärken, dass die Erde schließlich unbewohnbar wird. Legionen von Klimaalarmisten, weltweit bezahlt mit Milliarden von Euros aus staatlichen Forschungsmitteln, von privaten Stiftungen und ökologischen NGOs, stützen die Wahrnehmung einer angeblichen Klimakatastrophe in der Bevölkerung und behaupten, ihre AGW-Theorie sei gesicherte Wissenschaft. In einer abartigen Verzerrung wissenschaftlicher Ideale fordern sie ein Ende der Klimadebatte und werden dabei von einer ideologisierten Mehrheit der Massenmedien unterstützt.

Unprofitable Wissenschaftszweige drängen sich an die Tröge des Klimawahns, Psychologen und Historiker publizieren eine wachsende Zahl von Veröffentlichungen, in denen der häretische Einfluss von unabhängigen Klimawissenschaftlern, sogenannten „Klimaleugnern", auf die öffentliche Wahrnehmung einer Klimakatastrophe gegeißelt wird. Gegenwärtig wird von einigen Politikern sogar gefordert, die wissenschaftlichen Standpunkte solcher „Klimaleugner" unter Strafandrohung zu stellen, um diese in der öffentlichen Diskussion mundtot zu machen.

Solche unabhängigen Klimawissenschaftler, mit abweichenden wissenschaftlichen Ergebnissen zum angeblich menschengemachten Klimawandel, arbeiten meist mit spärlichen Forschungsmitteln oder sogar ehrenamtlich. Aber anstelle einer offenen und fairen wissenschaftlichen Diskussion über ihre Erkenntnisse werden sie üblicherweise persönlich diskeditiert, und der Klimamainstream versucht, sie aus der wissenschaftlichen Gemeinschaft herauszumobben. Es sieht so aus, als wären der klimawissenschaftliche Mainstream und seine politischen Unterstützer vom Virus einer Gutmenschen-Korruption befallen, die von einem ökologischen kohlenstoff-freien Paradies auf Erden träumt.

Im Angesicht der geplanten Dekarbonisierung unserer Welt sollten wir nicht vergessen, dass sich im Laufe der kulturellen Evolution des Menschen die verfügbare pro-Kopf Energiemenge mehrfach drastisch erhöht hatte und unseren heutigen Lebensstandard erst ermöglicht:

- Steinzeit (= kleine dörfliche Gemeinschaften):
  Die verfügbare pro-Kopf Energiemenge betrug etwa das **3 bis 6-fache** des Grundbedarfs.

- Zeitalter des Ackerbaus (=fortgeschrittene regionale Kulturen):
  Die verfügbare pro-Kopf Energiemenge betrug etwa das **18 bis 24-fache** des Grundbedarfs.

- Industriezeitalter (=globalisierte Welt):
  Die verfügbare pro-Kopf Energiemenge beträgt etwa das **70 bis 80-fache** des Grundbedarfs.

Der industrielle Gebrauch von fossilen Energieträgern seit Beginn der Industrialisierung hat das Gesundheitswesen, die individuelle Lebenserwartung, unseren Lebensstandard, die Verfügbarkeit und die Qualität von Lebensmitteln, das Transportwesen, die Kommunikation und den allgemeinen technologischen Standard für jedermann nachhaltig verbessert.

Im Umkehrschluss heißt dass, unser gegenwärtiger Lebensstandard - und übrigens auch unser Sozialstaat - beruhen zwingend auf der Nutzung fossiler Energieträger.

Das Prinzip der menschengemachten Klimakatastrophe kann jeder Laie ganz einfach verstehen: Je höher der atmosphärische CO_2-Anteil steigt, umso höher soll die globale Durchschnittstemperatur steigen. Folglich glaubt eine überwältigende Mehrheit der Bevölkerung in den Industrienationen, der Verbrauch fossiler Energieträger würde durch den verursachten CO_2-Ausstoß zu einer Klimakatastrophe führen. Aber ist diese direkte Abhängigkeit zwischen Temperatur und atmosphärischem CO_2-Gehalt wissenschaftlich wirklich bewiesen?

Die AGW-Theorie steht in fundamentalem Widerspruch zu diversen wissenschaftlichen und wirtschaftlichen Fakten:

(1) Die gegenwärtigen **Klimamodelle** können die tatsächliche Klimahistorie gar nicht abbilden: Aktuelle Klimamodelle sind nicht einmal in der Lage, den historisch gemessenen Temperaturverlauf bis zum Jahr 1850 korrekt zurückzurechnen. Diese Schwäche der Klimamodelle beweist, dass weder alle klimarelevanten Parameter, noch ihr tatsächlicher Klimaeinfluss und schon gar nicht die Interaktion dieser Parameter miteinander korrekt in die aktuellen Klimamodelle eingeflossen sind. Mit solchen Klimamodellen wird dann aber das zukünftige Klima bis weit in die Zukunft hinein hochgerechnet und die Politik beruft sich bei der vorgesehenen globalen Dekarbonisierung auf solche Modellergebnisse.

(2) Die Klimawissenschaften sind bis heute nicht in der Lage, den natürlichen und den angeblich menschengemachten **Klimaantrieb** zu trennen. Bis heute wurde eine solche quantitative Trennung beider Effekte nirgendwo veröffentlicht. Die meteorologischen Temperaturmessungen begannen um 1850, am Ende der „Kleinen Eiszeit" und zu Beginn der Industrialisierung. Der Temperaturanstieg von der „Kleinen Eiszeit" muss eine natürliche Ursache gehabt haben, denn diese „Kleine Eiszeit" endete ohne jeden menschlichen Einfluss. Aber im Gegenteil, die Klimawissenschaft rechnet diesen Anstieg der menschengemachten Klimaerwärmung zu, obwohl der Temperaturanstieg viel schneller verlaufen ist, als die Entwicklung der Industrialisierung.

(3) Klimamodelle ignorieren den Einfluss von natürlichen **solaren Zyklen** auf das Klima. Die bekannten Zyklen (Schwabe, Hale, Yoshimura, Gleißberg, Seuss-de-Vries, Dansgaard-Oeschger, und Hallstatt) mit Perioden von 11 bis mehr als 2.000 Jahre sind in den computerbasierten Klimamodellen nicht enthalten. Die Klimawissenschaft argumentiert mit der geringen Veränderung der Solarkonstanten über solche Zyklen. Aber diese Zyklen waren vor der Industrialisierung die einzige Ursache für natürliche Klimaschwankungen in unserer aktuellen

Warmzeit. Die Klimawissenschaft ignoriert die Ergebnisse von Svensmark, dass nämlich die Kerne zur Wolkenbildung aus der kosmischen Strahlung geliefert werden, die wiederum vom Magnetfeld der Sonne gesteuert wird. Dieser Effekt stellt eine natürliche Verstärkung der Strahlungsschwankungen unserer Sonne dar. Bei einer schwachen Sonne kann vermehrt kosmische Strahlung in die Erdatmosphäre eindringen und führt über eine verstärkte Wolkenbildung zu einer weiteren Abkühlung. Das CLOUD-Experiment am Züricher CERN Institut hat das herkömmliche Aerosolmodell für die Wolkenbildung in Klimamodellen um einen Faktor von einem Zehntel bis einem Tausendstel reduziert und gleichzeitig die Wirksamkeit des Svensmark-Effekts bis zum Zehnfachen bestätigt (60).

(4) Die historisch gut dokumentierte **Mittelalterliche Warmzeit** (MWP), die der "Kleinen Eiszeit" vorausgegangen war, wurde im dritten Bericht des IPCC (TAR 2001) von der Mann'schen „Hockeystick-Kurve" unterdrückt, offenbar, um zur Stützung der AGW-Theorie ein konstantes vorindustrielles Klima auf dem Niveau der „Kleinen Eiszeit" nachzuweisen. Diese „Hockeystickkurve" wurde inzwischen zwar wissenschaftlich widerlegt, dient aber Klimaalarmisten immer noch als Argument für den menschengemachten Klimawandel, während die Mittelalterliche Wärme Periode von der Klimawissenschaft auf ein europäisches Phänomen herabgestuft worden ist.

Aber das Gegenteil ist der Fall: Die Auswertung von hunderten von wissenschaftlichen Veröffentlichungen weltweit durch Lüning und Vahrenholt beweist, dass die mittelalterliche Wärmeperiode ein globales Ereignis war, das durch die Variabilität der Sonneneinstrahlung verursacht worden ist. Dadurch wird aber die Theorie vom menschengemachten Klimawandel existenziell in Frage gestellt. Online Atlas (61) von Lüning&Vahrenholt.

(5) Die Klimawissenschaft verleugnet in ihren Klimamodellen die natürlichen **Bahnschwankungen unserer Erde um die Sonne** (Milanković-Zyklen), um ihren eingängigen linearen Zusammenhang zwischen Globaltemperatur und CO_2-Gehalt der Atmosphäre aufrecht zu erhalten. Inzwischen reduziert die Klimawissenschaft die historische Klimaentwicklung sogar auf die zweite Hälfte des vergangenen Jahrhunderts, nur um CO_2 als den angeblichen Hauptklimaantrieb zu stützen. Bereits im Jahre 1924 hatten Wladimir Köppen und Alfred Wegener, der Vater der modernen Plattentektonik, die orbitalen Milanković-Zyklen als Ursache

der paläoklimatischen Schwankungen der vergangenen Eiszeitalter identifiziert und nachgewiesen.

(6) Eine wachsende **Versauerung der Ozeane** durch den vom Menschen verursachten CO_2-Aussoß soll in Zukunft zu einer Einschränkung des marinen Artenreichtums führen. Erstens kann eine bestimmte Menge an CO_2 entweder als klimaaktives Gas in der Atmosphäre wirken oder, gelöst in Meerwasser, zu einer Versauerung der Ozeane führen, aber nicht beides zur gleichen Zeit. Üblicherweise werden aber beide Effekte für sich mit dem gesamten anthropogenen CO_2-Aussoß berechnet.

Zweitens sinkt die Lösungsfähigkeit von CO_2 mit steigender Wassertemperatur. Je wärmer also das Meerwasser wird, umso weniger CO_2 kann es aufnehmen und versauern. Der verzögerte Anstieg von atmosphärischem CO_2 nach paleoklimatischen Temperaturanstiegen beweist diesen Zusammenhang und wird von Eiskernanalysen bestätigt.

(7) Ein **globaler Meeresspiegelanstieg** durch eine vom Menschen verursachte Klimaerwärmung soll zu einem Verschwinden der pazifischen Inseln führen und Tieflandgebiete und Hafenstädte in aller Welt überfluten. Ein dramatischer Meeresspiegelanstieg von mehr als einhundert Metern ist ein natürliches Phänomen zu Beginn aller Warmzeiten. Die Existenz mariner Eismassen wird offenbar allein durch die Meerwassertemperatur bestimmt, während landgebundene Eismassen auf eine Veränderung der vertikalen geographischen Klimazonen reagieren. Die Durchschnittstemperaturen in zwischeneiszeitlichen Warmperioden schwanken üblicherweise um einige Grade und terrestrische Gletscher reagieren darauf mit natürlichen Vorstößen und Rückzügen. Aus den Alpen ist bekannt, dass Gletscher beim gegenwärtigen Abschmelzen Bäume aus der Mittelalterlichen Warmzeit freigeben, die damals dort natürlich gewachsen waren. Was wir heute auf Grönland und der antarktischen Halbinsel beobachten, ist ein Gletscherrückzug in größere Höhenlagen, während die Eismassen auf dem antarktischen Kontinent weiter anwachsen. Satellitenmessungen der Meeresspiegelschwankungen im offenen Ozean sind sehr viel anfälliger für Fehler bei der Gezeitenkorrektur, Meeresströmungen, zusätzlichen windgetriebenen Wassermassen und Meereswellen als feste Pegel an den Küsten. Diese konventionellen Pegelmessungen zeigen aber seit vorindustriellen Zeiten einen konstanten Meeresspiegelanstieg von einigen Millimetern pro Jahr. Ohne zielgerichtete Adjustie-

rung historischer Messwerte wird sich dieser Trend sicherlich auch in Zukunft weiterhin so fortsetzen.

(8) Der **„Stillstand"** des **globalen Temperaturanstiegs**, der inzwischen etwa 20 Jahre andauert, hat bereits mehrfach zu Korrekturen an den historischen Temperaturmessungen geführt. Verbesserte Klimamodelle verlagern diese „fehlende Wärme" jetzt in die Tiefen der Ozeane. Offensichtlich hatten die Klimamodelle diesen Stillstand des globalen Temperaturanstiegs nicht abgebildet. Aber anstatt nun die Eingangsbedingungen der zugrundeliegenden Gleichungssysteme zu korrigieren, um die Modelle mit den aktuellen Messwerten in Übereinstimmung zu bringen, werden die Ergebnisse aktueller Klimamodelle dahingehend angepasst, dass sie zu den Vorhersagen veralteter Modellrechnungen passen. Es bleibt die Frage offen, wie die „fehlende Wärme" in tiefere Lagen der Ozeane entweichen konnte, ohne von dem weltumspannenden Messbojennetz ARGO bemerkt worden zu sein.

(9) Die Klimawissenschaften reduzieren die Auswirkungen einer globalen Klimaerwärmung auf dessen **negative Folgen** und veröffentlichen Horrorszenarien über einen Temperaturanstieg von 3 Grad bis zum Jahre 2100, während in jedem Winter tausende Menschen erfrieren. Für das Jahr 2014 wurde allein in Europa von etwa 40.000 Kältetoten berichtet, einfach weil diese Menschen ihre Stromrechnungen nicht mehr bezahlen konnten (62).

(10) Die Klimawissenschaft nimmt für sich in Anspruch, sie würde das **Vorsorgeprinzip** für die gesamte Menschheit verfolgen, indem sie den angeblich menschengemachten Klimawandel bekämpft. Die letzte große Klimaprophezeiung wurde von den wohlversorgten Propheten der Apokalypse rechtzeitig zum Pariser COP21-Klimagipfel veröffentlicht:
Der menschliche CO_2-Ausstoß wird die nächste Eiszeit verhindern – in 50.000 Jahren! Ist es wirklich das Vorsorgeprinzip, eine gefährdete Eiszeit in 50.000 Jahren vor dem Menschen zu retten? Nein, das ist wahrhaftige Science-Fiction, wenn die Klimawissenschaft gesichertes paläoklimatisches Wissen über hunderttausende von Jahren ignoriert und auf der Datenbasis eines halben Jahrhunderts Spekulationen über eine in 50.000 Jahren ausfallende Eiszeit verbreitet. Mit dem Vorhaben, die Welt von ihren natürlichen Klimaschwankungen zu befreien, zerstören wir unsere Wirtschaft und die Zukunft unserer Kinder und Enkel.

Und was ist mit den tatsächlichen Gefahren, die in Zukunft die Existenz der Menschheit bedrohen könnten, was ist mit Supervulkan-Eruptionen, Asteroideneinschlägen und der Abschwächung des Erdmagnetfeldes, was ist das Vorsorgeprinzip gegen diese sehr realen Bedrohungen?

(11) **Erneuerbare Energien** aus Sonnenstrahlung und Wind sollen die konventionelle Energieerzeugung ersetzen, um eine Klimaerwärmung durch CO_2 zu vermeiden. Bisher kann solche erneuerbare Energie aber nur mit hohen Subventionen erzeugt werden, die direkt vom Verbraucher eingezogen werden, der wiederum einen Lebensunterhalt in einer mit konventioneller Energie betriebenen Industriegesellschaft verdient. Um unseren Lebensstandard zu erhalten, muss also nach einer globalen Dekarbonisierung der globale Energieverbrauch vollständig durch erneuerbare Energien gedeckt werden. Es werden in den Medien Zahlen verbreitet, die besagen, eine solche Dekarbonisierung sei bezahlbar und bis zum Jahre 2100 umsetzbar.

Aber diese publizierten Zahlen schließen nicht einmal die Kosten für die lebensnotwendigen Energiespeicher und die neuen Verteilungsnetzwerke ein, um bei nächtlicher Windstille die Versorgungssicherheit zu garantieren; und ebenfalls fehlen dort die steigenden Herstellungskosten für nahezu alle Produkte des täglichen Lebens.

Durch diese steigenden Kosten, bei möglicherweise sinkenden Stückzahlen, werden durch fallende Löhne oder gar insgesamt weniger Beschäftigte die globalen Bruttoinlandsprodukte sinken. Die Frage ist, wer dann die steigenden Subventionen für erneuerbare Energien bezahlen soll.

(12) Der **Landschaftsverbrauch** in naturnahen Gebieten durch die Erzeugung von Solar- und Windenergie ist etwa 1.000- bis 10.000-mal höher als der Flächenverbrauch für konventionelle Kraftwerke. Es fragt sich, was die Dekarbonisierung der Welt aus unseren naturnahen Landschaften und den natürlichen Ressourcen unserer Erde machen wird.

(13) Gleichzeitig wird Druck auf die **industrielle Landwirtschaft** ausgeübt, sich auf eine ökologische Produktion ohne Kunstdünger und chemischen Pflanzenschutz umzustellen. Die landwirtschaftliche Erzeugung von Nahrungsmitteln steht bereits in Konkurrenz mit der Landnutzung für erneuerbare Energien. Durch die Einführung von Öko-Kraftstoffen, Stichwort E10, hat sich die weltweite

Anbaufläche für Nahrungsmittel bereits verringert und Millionen Menschen zusätzlich leiden unter Unterernährung und Hunger. Die beabsichtigte globale ökologische Nahrungsmittelproduktion geht mit einem geringeren spezifischen Flächenertrag einher und dürfte daher den Ansprüchen einer wachsenden Weltbevölkerung in keiner Weise genügen.

Diese Zusammenstellung legt nahe, dass die Theorie vom menschengemachten Klimawandel auf falschen wissenschaftlichen Annahmen und wirtschaftlichen Spekulationen aufbaut.

Trotzdem verbreiten die Propheten des Weltuntergangs mit sehr unterschiedlichen persönlichen Motiven weiterhin ihre Weltuntergangs-Spekulationen und befeuern damit eine Massenhysterie gegen unser gegenwärtiges Wirtschaftssystem, das allein auf der Nutzung fossiler Energien basiert. Der religiöse Glaube an eine vom Menschen verursachte Klimaerwärmung ist ihre Waffe, um unsere gegenwärtige technische Zivilisation zu zerstören und die Menschheit in eine schöne neue kohlenstoff-freie Welt zu führen.

Wir leben heute in einer neuen kulturellen Epoche, dem Anthropozän, in dem sich die fundamentalen Unterschiede zwischen wissenschaftlichen Fakten, persönlichen Meinungen und religiösen Gewissheiten zunehmend verwischen, während übersättigte Menschen ernsthaft glauben, sie könnten ihre Kuh schlachten und weiterhin deren Milch trinken.

Das wirkliche Problem der Menschheit bleibt eine ständig wachsende Weltbevölkerung und deren ausreichende Versorgung mit Nahrungsmitteln und Energie sowie der Erhalt natürlicher Lebensräume, die das Erbe der gesamten Menschheit darstellen.

Die Armut in der Dritten Welt ist aber eine direkte Folge von Energiemangel und fehlender demokratischer Beteiligung. Der einzige Weg, der aus diesem Dilemma herausführt, ist eine Demokratisierung und wirtschaftliche Entwicklung dieser Gesellschaften. Eine solche Entwicklung würde ein weiteres Wachstum der Weltbevölkerung eindämmen, wie es der demographische Wandel in den Industrienationen im vergangenen Jahrhundert bewiesen hat. Während einer solchen Entwicklung kann der Verbrauch fossiler Energien in den Industrieländern unter Beibehaltung des gegenwärtigen Lebensstandards minimiert und der Schutz der weltweiten natürlichen Ressourcen sukzessive ausgeweitet werden.

Aber mit dem religiösen Glauben an eine menschengemachte Klimakatastrophe haben sich nun die gewählten und nicht gewählten politischen Führer dieser Welt, unterstützt von wissenschaftlichen Wahrsagern, indoktrinierten Massenmedien, religiösen Führern, mißgeleiteten ökologischen NGOs und malthusianischen Stiftungen entschieden, die Menschheit genau in die entgegengesetzte Richtung zu führen.

Ihr Fahrplan für die herbeigesehnte Dekarbonisierung der Welt bis zum Jahre 2100 wird eher über den Niedergang demokratischer Rechte in den Industrienationen zu einer nachhaltigen globalen Energieverknappung führen, die uns malthusianische Perspektiven für eine Globale Dritte Welt von ökologischen Biokleinbauern eröffnen mag.

Oder um es weniger verklausuliert zu formulieren, in einer dekarbonisierten Welt werden die Menschen, unabhängig wie groß deren Zahl am Ende noch sein mag, zwölf Stunden am Tag in der Landwirtschaft arbeiten, um ein Viertel der gegenwärtig verfügbaren pro-Kopf Energiemenge zu erzeugen – gerade so viel wie einstmals in vorgeblich glücklicheren ökologisch-vorindustriellen Zeiten.

Und nun, während in Vorbereitung einer globalen Dekarbonisierung die Klimaideologen bereits weltweit ihre Messer wetzen, um die Menschheit aus diesem fossil befeuerten Paradies zu vertreiben, schauen die übersättigten Lämmer in den westlichen Industrienationen diesem Unterfangen gelassen wiederkäuend zu, als ginge sie das Ganze überhaupt nichts an...

Veröffentlicht auf KalteSonne am 17. Juli 2016:

http://www.kaltesonne.de/warum-die-lammer-schweigen-sie-sind-einfach-noch-viel-zu-satt/

Eine englischsprachige Version dieses Artikels erschien auf Notrickszone unter dem Titel: „Challenging AGW on the Eve of Destruction":

http://notrickszone.com/2016/07/24/german-geophysicist-agw-built-on-failed-scientific-assumptions-and-economic-speculations/#sthash.gXWVTf7I.dpbs

Quellenverzeichnis: Liste der im Text unterlegten Internet-Links

Letztes Zugriffsdatum für alle nachfolgenden Internet-Links ist der 14. April 2017

(1) https://de.wikipedia.org/wiki/Aktualismus_(Geologie)
(2) http://theconsensusproject.com/index.php
(3) http://www.kaltesonne.de/klima-des-hasses/
(4) https://www.umweltbundesamt.de/sites/default/files/medien/378/publikationen/und_sie_erwaermt_sich_doch_131201.pdf
(5) http://www.welt.de/debatte/henryk-m-broder/article116332834/Eine-Behoerde-erklaert-die-Klimadebatte-fuer-beendet.html
(6) https://de.wikipedia.org/wiki/Klima
(7) https://www.pik-potsdam.de/aktuelles/pressemitteilungen/menschgemachter-klimawandel-unterdrueckt-die-naechste-eiszeit
(8) https://www.eike-klima-energie.eu/2017/02/09/eine-schnelle-behauptung-wirkt-oft-besser-als-ein-langsamer-beweis-noaa-behauptete-die-pause-weg-whistleblower-entlarvt-manipulation-der-daten/
(9) http://www.noaa.gov/
(10) http://www.dailymail.co.uk/sciencetech/article-4192182/World-leaders-duped-manipulated-global-warming-data.html
(11) http://www.stern.de/politik/ausland/donald-trump--wissenschaftler-retten-klima-daten-vor-seinem-amtsantritt-7241850.html
(12) https://www.gmx.net/magazine/politik/alternative-fakten-forscher-front-donald-trump-32163780
(13) https://www.eike-klima-energie.eu/2017/02/11/wie-die-neue-software-der-noaa-die-regionale-erwaermung-antreibt/
(14) http://www.kaltesonne.de/kleine-eiszeit-als-geeignetes-bezugsniveau-fur-die-erwarmung-der-letzten-150-jahre-der-fall-montblanc/
(15) https://www.ipcc.ch/publications_and_data/ar4/wg1/en/faq-1-3.html
(16) https://www.ipcc.ch/publications_and_data/ar4/wg1/en/faq-1-3.html
(17) http://www.climatechange2013.org/images/report/WG1AR5_ALL_FINAL.pdf
(18) http://www.wbgu.de/hg2011/
(19) http://www.realclimate.org/index.php/archives/2013/10/the-evolution-of-radiative-forcing-bar-charts/
(20) https://de.wikipedia.org/wiki/Perpetuum_mobile

(21) http://www.iapmw.unibe.ch/teaching/vorlesungen/atmosphaerenphysik/FS_2011/AT-phys_FS11_Kapitel4c.pdf

(22) http://www.science-skeptical.de/blog/grundlagen-des-treibhauseffektes-fuer-eikianer/0015523/

(23) https://www.ipcc.ch/ipccreports/far/wg_I/ipcc_far_wg_I_full_report.pdf

(24) https://www.ipcc.ch/publications_and_data/ar4/wg1/en/faq-1-3.html

(25) https://www.eike-klima-energie.eu/2017/02/16/nachdem-sich-der-rauch-verzogen-hat-stefan-boltzmann-auf-den-punkt-gebracht/#mh-comments

(26) http://www.science-skeptical.de/blog/warum-die-energiewende-scheitern-wird-die-flaechenbilanz/0015222/

(27) http://www.wattenrat.de/2016/12/14/rezension-geopferte-landschaften/

(28) https://www.agora-energiewende.de/de/themen/-agothem-/Produkt/produkt/76/Agorameter/

(29) https://www.schweizerbart.de/publications/detail/isbn/9783443010881/Koppen_Wegener_Die_Klimate_der_geologis

(30) http://www.kaltesonne.de/hypothese-uber-welchen-mechanismus-hangen-sonne-und-klima-zusammen/

(31) https://de.wikipedia.org/wiki/Solarkonstante

(32) http://www.avgoe.de/astro/Teil04/Temperatur.html

(33) http://www.wbgu.de/hauptgutachten/hg-2011-transformation/

(34) http://www.science-skeptical.de/klimawandel/selbstverbrennung-das-vermaechtnis-des-klimaberaters-der-kanzlerin-hj-schellnhuber-an-die-menschheit/0014767/

(35) https://de.wikipedia.org/wiki/Treibhauseffekt

(36) https://dgg-online.de/WordPress_01/wp-content/uploads/2016/12/DGG-3-16web1.pdf

(37) http://www.tichyseinblick.de/meinungen/ueber-einen-vergeblichen-versuch-unsere-welt-vor-der-dekarbonisierung-zu-retten/

(38) http://fortschrittinfreiheit.de/veroeffentlichungen/falsi.pdf

(39) http://www.tichyseinblick.de/kolumnen/lichtblicke-kolumnen/ueber-einen-vergeblichen-versuch-den-treibhauseffekt-zu-widerlegen/

(40) https://dgg-online.de/WordPress_01/wp-content/uploads/2016/12/DGG-3-16web1.pdf

(41) http://kaltesonne.de/wp-content/uploads/2017/01/treibhauseffekt.pdf

(42) http://www.kaltesonne.de/kleine-eiszeit-als-geeignetes-bezugsniveau-fur-die-erwarmung-der-letzten-150-jahre-der-fall-montblanc/

(43) http://www.science-skeptical.de/blog/der-treibhauseffekt/001780/

(44) https://dgg-online.de/WordPress_01/wp-content/uploads/2016/10/160705_DGG_2_16_web.pdf
(45) https://dgg-online.de/WordPress_01/wp-content/uploads/2016/04/151106_DGG_3_15_web.pdf
(46) https://www.schweizerbart.de/publications/detail/isbn/9783443010881/Koppen_Wegener_Die_Klimate_der_geologis
(47) https://www.eike-klima-energie.eu/2017/02/04/10-ikek-prof-em-jan-erik-solheim-start-des-zweitaegigen-al-gore-experiments/
(48) http://www.iapmw.unibe.ch/teaching/vorlesungen/atmosphaerenphysik/FS_2011/AT-phys_FS11_Kapitel4c.pdf
(49) https://www.eike-klima-energie.eu/2017/02/01/wer-im-treibhaus-sitzt/
(50) https://www.ipcc.ch/publications_and_data/ar4/wg1/en/tssts-2-5.html
(51) http://www.kaltesonne.de/warum-die-lammer-schweigen-sie-sind-einfach-noch-viel-zu-satt/
(52) https://de.wikipedia.org/wiki/Nicholas_Shackleton
(53) https://de.wikipedia.org/wiki/John_Imbrie
(54) https://de.wikipedia.org/wiki/Jacques_Laskar
(55) http://www.kaltesonne.de/unheimliche-korrelation-zwischen-sonnenaktivitat-und-temperatur-ganz-sicher-kein-zusammenhang/
(56) http://www.kaltesonne.de/lp/
(57) http://www.umweltbundesamt.de/publikationen/sie-erwaermt-sich-doch-was-steckt-hinter-debatte-um
(58) http://www.kaltesonne.de/nachweis-die-sonne-kann-unser-klima-sehr-wohl-beeinflussen-denn-sie-hat-es-schon-immer-getan/
(59) http://www.kaltesonne.de/nachweis-die-sonne-kann-unser-klima-sehr-wohl-beeinflussen-denn-sie-hat-es-schon-immer-getan/
(60) http://www.uni-frankfurt.de/59068095/cloud_kirkby_nature103434_press_briefing
(61) http://kaltesonne.de/mapping-the-medieval-warm-period/
(62) http://www.focus.de/immobilien/energiesparen/energie-die-grosse-stromluege-warum-strom-zum-luxus-wird_id_5388458.html?fbc=fb-shares

Eine letzte Anmerkung des Verfassers: Das hinlänglich bekannte „Leugnerwiderlegungsschema" besteht in der grundsätzlichen Ablehnung einer neuen These mit vordergründigen Sophismen, gebetsmühlenartigen Wiederholungen der eigenen These und persönlichen Diffamierungen des Kontrahenten. Eine intuitive Replik mittels der hier vorgegebenen Luther-Zitate nach diesem Schema begründet also keinerlei wissenschaftlichen Anspruch, sondern entlarvt den Ablassprediger einer fundamentalistischen Klimareligion. Die Stärke jeder wissenschaftlichen Argumentation besteht nämlich ausschließlich darin, seine These mit nachprüfbaren Fakten untermauert zu haben.

Das Buch über die geowissenschaftlichen Grundlagen:

Klimahysterie ist keine Lösung (Taschenbuch - 216 Seiten – Farbabbildungen)

Autor Uli Weber, Geophysiker und Publizist

ISBN-13: 978-3-8448-0662-5   E-Book: EUR 14,99   Taschenbuch: EUR 18,50

Eine Schwarzweißausgabe dieses Buches unter dem Titel „Klimahysterie gefährdet die Freiheit" ist in Vorbereitung.

Zum Inhalt des Buches: Katastrophenszenarien haben sich zu den Gelddruckmaschinen der modernen Forschung entwickelt. Der Mainstream der globalen Klimaforschung macht sich gerade zum politischen Gefangenen einer CO_2-Apokalypse und aus Angst vor einer prognostizierten Klimakatastrophe setzen wir unsere Marktwirtschaft außer Kraft. Die CO_2-Glaubenssätze werden hier anhand geowissenschaftlicher Erkenntnisse „entzaubert" und die gesellschaftlichen Perspektiven der gegenwärtig herrschenden Klimahysterie aufgezeigt.

> Kommentar zu diesem Buch *von Amazon Customer, 20. Juli 2016:*
> „Ein Schock für grüne Schlümpfe: Die Wahrheit
> Der Klima-Wahn, Mittel der Mächtigen uns das Geld aus der Tasche zu ziehen.
> Es sollte mehr Bücher wie diese(s) geben!"

www.ingramcontent.com/pod-product-compliance
Lightning Source LLC
Chambersburg PA
CBHW050112230526
45470CB00004B/1792